U0179417

唯寻国际教育丛书

国际课程物理核心词汇

Physics

唯寻国际教育 组编 ◎ 陈 啸 编著

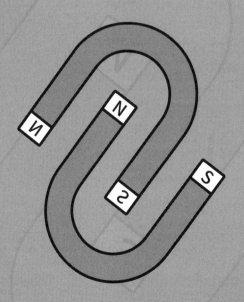

机械工业出版社
CHINA MACHINE PRESS

本书精选国际教育物理学科的核心词汇，按照通用词汇和高频专业词汇两个部分进行讲解，涵盖 GCSE 和 A-Level 等国际课程。第一部分通用词汇，涵盖近十年的考试真题中高频出现的词汇，采用字母顺序排列，单词配备词频、同义词、用法、例句和漫画等，帮助学生熟练掌握并运用此部分词汇；第二部分高频专业词汇，是课程学习阶段的专业词汇，词汇编排与教材中的顺序保持一致，按照主题进行分类，配备 explanation、翻译、反义词、拓展词汇和图片等，帮助学生准确理解学科专业词汇，并建立用英语学习的习惯。本书采用便携开本，配备有标准英音朗读音频，愿此书能够成为学生学习物理的好帮手。

图书在版编目（CIP）数据

国际课程物理核心词汇 / 陈啸编著 . -- 北京：机械工业出版社，2020.7（2025.1 重印）

ISBN 978-7-111-66119-1

Ⅰ . ①国… Ⅱ . ①陈… Ⅲ . ①物理—英语—词汇—教学参考资料 Ⅳ . ① O4

中国版本图书馆 CIP 数据核字 (2020) 第 127576 号

机械工业出版社（北京市百万庄大街 22 号 邮政编码 100037）
策划编辑：孙铁军　　　　　　　责任编辑：孙铁军
责任印制：单爱军
保定市中画美凯印刷有限公司印刷

2025 年 1 月第 1 版第 5 次印刷
105mm×175mm · 8 印张 · 1 插页 · 334 千字
标准书号：ISBN 978-7-111-66119-1
定价：45.00 元

凡购本书，如有缺页、倒页、脱页，由本社发行部调换

电话服务　　　　　　　　　　　网络服务
服务咨询热线：010-88361066　　机工官网：www.cmpbook.com
读者购书热线：010-68326294　　机工官博：weibo.com/cmp1952
　　　　　　　010-88379203　　金 书 网：www.golden-book.com
封面无防伪标均为盗版　　　　教育服务网：www.cmpedu.com

唯寻国际教育丛书编委会

总 策 划 吴 昊　潘田翰

执行策划 蔡芷桐　李晟月

特约编辑 刘 桐　张 瑞

编　　委 芮文珍　陈 啸　袁 方

　　　　　田晓捷　袁心莹　贾茹媛

　　　　　陈博林　居佳星

推荐序
FOREWORD

2007 年，我前往英国就读当地一所国际学校，开始学习 A-Level 课程，亲身经历了从高考体系到国际课程的转变。如果问我最大的挑战是什么，一定是使用英文来学习学术课程本身，因为不仅要适应用英文阅读、理解和回答问题，还要适应西方人不同的思维习惯和答题方式。我印象最深的就是经济这门课，每节课都有非常多的阅读，大量生词查找已经非常麻烦，定义和理论也是英文的，更别说用英文来学习英文时还会碰到意思不理解的困难了。现在回过头去翻我的经济课本还可以看到密密麻麻的批注——专业词汇量不足和词义的不理解让我在之后长达一年的学习中备受折磨。

这段学习经历也成为了我们作为国际课程亲身经历者想要制作一套专业词汇书的初衷。如果有一套书能够帮助学生按照主题和难度整理好需要的专业词汇，再辅以中英文的说明，帮助学生达到本土学生的理解水平，将大大缩短学生需要适应的时间，学生也可以更加专注在知识积累本身，而不是分心在语言理解上。

唯寻汇聚了一批最优秀的老师，他们是国际课程的亲历者，也是国内最早一批国际教育的从业者。多年来，他们积累了大量的教学经验，深谙教学知识和考试技巧。除了专业的国际课程之外，我们将陆续推出"唯寻国际教育丛书"，帮助广大的国际课程学子。这套词汇书是系列教辅书的第一套,专业词汇的部分老师们按照知识内容和出现顺序进行了编排,并遴选了核心词汇和理解有困难的词汇,再反复揣摩编排逻辑,以帮助学生更好地学习、记忆和查找。

预祝进入国际课程学习的同学们顺利迈过转轨的第一道坎,实现留学梦想!

唯寻国际教育

创始人 & 总经理

2020 年 7 月

前言
PREFACE

　　提到物理，大家首先想到的通常是大量的公式和计算。确实，在大学物理的学习中，我们会用大量的数学模型以及数学工具来帮助分析和理解物理问题，但是对于初高中阶段的物理学习来说，更多的是要学会用逻辑性的语言来描述和解释物理现象，这是我们之后运用数学来进一步深入理解物理问题的基础。可是我们往往会忽略掉这部分基础内容，把物理的学习变成了公式定理的记忆与运用。而随着学习的深入，我们会发现定理越来越难记、公式越来越难用，所以基础不牢固才是大家觉得物理越来越难学的原因。对于刚刚进入国际课程学习的中国学生来说，这个问题显得尤为突出，因为摆在大家面前的不仅是未知的物理现象，还有大量的专业物理词汇以及陌生的英文表达。编写本书便是为了给学习国际课程的广大中国学生做好衔接，帮助大家在今后的物理学习中减少因英语表达带来的障碍，把物理学习中这最关键的一步走好。

　　本书的内容分为通用词汇和高频专业词汇两部分。为了能够帮助大家在考试中迅速理解题意，我们整理了近十年所有官方考试真题中出现的单词，挑出使用频率最高且最为实用的词汇作为通用词汇，因此每位同学都应该完全掌握并熟练运用该部分单词。具体设置如下：

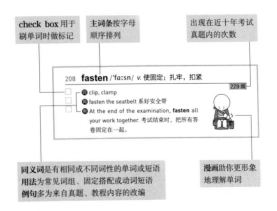

check box 用于刷单词时做标记

主词条按字母顺序排列

出现在近十年考试真题内的次数

208 **fasten** /'fɑːsn/ *v.* 使固定;扎牢,扣紧

229 频

同 clip, clamp

用 fasten the seatbelt 系好安全带

例 At the end of the examination, **fasten** all your work together. 考试结束时,把所有答卷固定在一起。

同义词是有相同或不同词性的单词或短语
用法为常见词组、固定搭配或动词短语
例句多为来自真题、教程内容的改编

漫画助你更形象地理解单词

高频专业词汇分为 GCSE 和 A-Level 两个部分,其中的每个章节都是按照课程的学习顺序来编排的,收录了最常考到的物理名词、词组,以及主流考试局的考试大纲中要求掌握的内容。另外,我们为词组类主词条中复杂、不易读的单词添加音标,不同词组中相同的单词只就近标注一次音标。具体设置如下:

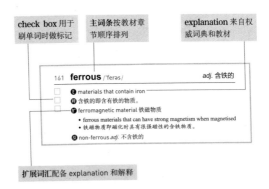

check box 用于刷单词时做标记

主词条按教材章节顺序排列

explanation 来自权威词典和教材

161 **ferrous** /'ferəs/

adj. 含铁的

E materials that contain iron

含铁的即含有铁的物质。

扩 ferromagnetic material 铁磁物质

• ferrous materials that can have strong magnetism when magnetised
• 铁磁物质即磁化时具有很强磁性的含铁物质

反 non-ferrous *adj.* 不含铁的

扩展词汇配备 explanation 和解释

此外,全书的单词均配有标准英音朗读,大家可以扫描封面和各节的二维码进行收听,如下图:

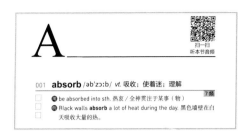

由于 A-Level 物理是 GCSE 物理在难度上的拓展，而非内容上的延伸，所以本书中 GCSE 部分出现过的单词不会在 A-Level 中重复出现，除非该单词的释义在 A-Level 中有更深的理解，因此不管是在 GCSE 还是在 AS 年级的同学，都需要从 GCSE 部分开始学习。很多单词用来描述物理现象时，释义往往会有一定的变化，我们在本书中列出的便是用于物理学科的词义。每个单词不仅有中文释义，也有专业的英文解释，帮助之前有物理基础的同学迅速过渡。这里要强调的是，每位使用本书的同学都要重视单词的英文释义，这里面不仅仅是解释某一个单词，我们也增加了很多便于大家将单词与物理知识联系在一起的内容。正如我之前所说，学会如何用语言来描述物理现象，在初高中阶段是最为重要的一环，而现在大家还要在此基础上，把对物理知识的理解用英文表述出来。希望我们为大家精心筛选的英文释义，能帮助大家建立和培养用英文学习物理的思维习惯。

为了方便大家使用，我们将本书设计成了便携开本，希望大家能够随时查看随时学习，愿本书能够成为大家学习物理的好帮手。即使刚开始困难重重，只要我们持之以恒，不断努力，一定能够取得不凡的成绩！

编者

陈啸

Chris Chen.

2020 年 7 月

目录
CONTENTS

第一部分

通用词汇 A to Z

A

扫一扫
听本节音频

---

001 absorb /əbˈzɔːb/ *vt.* 吸收；使着迷；理解

⊞ be absorbed into sth. 热衷 / 全神贯注于某事（物）

7 频

例 Black walls **absorb** a lot of heat during the day. 黑色墙壁在白天吸收大量的热。

---

002 accurate /ˈækjərət/ *adj.* 精确的；正确无误的

⊞ a highly accurate electronic compass 一个高度精确的电子罗盘仪

49 频

例 The figure is **accurate** to two decimal places. 这个数字精确到小数点后两位。

---

003 achieve /əˈtʃiːv/ *vt.* 达到；完成

⊞ achieve success 获得成功

2 频

例 At which point should a further weight of 20 N be attached to **achieve** equilibrium? 在哪个点加上 20 牛的重量能够使其达到平衡？

---

004 acoustic /əˈkuːstɪk/ *adj.* 声音的；听觉的；音响的

⊞ acoustic phonetics 声波语音学

30 频

例 The **acoustic** impedance Z of a material depends on its density ρ and the speed c of sound. 材料的声阻抗 Z 取决于其密度 ρ 和声速 c。

---

005 adhesive /əd'hiːsɪv/ *n.* 黏合剂
adj. 黏合的

9频

☐ 用 adhesive tape 黏胶带

☐ 例 This **adhesive** must be applied to both surfaces which are to

☐ be bonded together. 需要黏合的两面都必须涂上这种黏合剂。

006 adjacent /ə'dʒeɪsnt/ *adj.* 邻近的，毗连的；紧挨的

25频

☐ 同 next to, near, touching, adjoining

☐ 用 adjacent to... 与……临近

☐ 例 A wavelength is the distance between two **adjacent** peaks
or troughs in a wave. 波长是波中两个相邻波峰或波谷之间的
距离。

007 adjust /ə'dʒʌst/ *vt.* 调整；使适应；校准

96频

☐ 用 adjust the tension of the string 调整弦的
张力

☐ 例 The button is for **adjusting** the volume. 这
个按钮是用来调节音量的。

008 aerial /'eəriəl/ *n.* 天线
adj. 从飞机上的；空中的

9频

☐ 用 an aerial view 一幅鸟瞰图

☐ 例 Radio waves are sent out from a transmitter a few kilometres
away, to be captured by an **aerial** on the roof of a house. 无线
电波从几公里外的发射器发出，被房屋顶上的天线捕获。

009 aligned /ə'laɪnd/ *adj.* 对准的；均衡的

5频

☐ 用 be aligned with... 与……对齐

☐ 例 The container should be **aligned** with the edges of the board.
该容器应与板的边缘对齐。

010 altitude /ˈæltɪtjuːd/ *n.* 海拔；高地，高处

7频

- 用 at an altitude of... 在海拔……的高度
- 例 Particle concentrations in the upper atmosphere drop regularly as the **altitude** rises. 随着海拔的升高，高空大气中的粒子浓度会有规律地下降。

011 ambient /ˈæmbiənt/ *adj.* 环境的；周围的，四周的

2频

- 用 ambient temperature 环境温度
- 例 A comparator circuit is designed to switch on a mains lamp when the **ambient** light level reaches a set value. 比较器的电路是为了在环境光水平达到设定值时打开电源灯设计的。

012 amend /əˈmend/ *v.* 修订，修正

255频

- 用 amend one's pronunciation 改正某人的发音
- 例 The members of the club voted to **amend** the constitution. 该社团成员投票修改章程。

013 anomalous /əˈnɒmələs/ *adj.* 异常的

2频

- 用 an anomalous point 一个异常点
- 例 Which statement could not explain the **anomalous** 1.13 mA reading? 哪项不能解释异常读数 1.13 毫安？

014 anticlockwise /ˌænti'klɒkwaɪz/ *adv.* 沿着逆时针地 *adj.* 逆时针的

5频

- 用 in an anticlockwise direction 沿着逆时针方向
- 例 The cutters are opened by turning the knob **anticlockwise**. 逆时针转动旋钮可以开启切割机。

015 aperture /ˈæpətʃə(r)/ *n.* 孔径；小孔

4频

- 用 a maximum aperture 最大孔径
- 例 The α-particle source was encased in metal with a small **aperture**, allowing a fine beam of α-particles to emerge. α粒子源被装在具有小孔径的金属中，该装置会发出细束的α粒子。

016 **apparatus** /ˌæpəˈreɪtəs/ *n.* 装置，仪器

347 频

- 🖩 a piece of laboratory apparatus 一件实验室仪器
- 🖎 Describe, with the aid of a diagram, the **apparatus** that could be used. 借助图表描述出可用的装置。

017 **appearance** /əˈpɪərəns/ *n.* 外观；到达；出现

9 频

- 🖩 the physical appearance of sth. 某物的外观
- 🖎 Photons explain the **appearance** of line spectra. 光子解释了线谱的外观。

018 **approach** /əˈprəʊtʃ/ *n.* 方法
v. 接近

15 频

- 🖩 adopt a different approach to do sth. 采取另一种方式解决某事
- 🖎 We will be exploring different **approaches** to gathering information. 我们将探索收集信息的不同方法。

019 **appropriate** /əˈprəʊpriət/ *adj.* 恰当的，合适的
/əˈprəʊprieɪt/ *vt.* 挪用；拨出（款项）

390 频

- 🖩 an appropriate number 恰当的数字
- 🖎 State the **appropriate** instruments used to make each of these measurements. 写出用于进行这些测量的适当仪器。

020 **approximately** /əˈprɒksɪmətli/ *adv.* 大概，大约

181 频

- 🖩 approximately 90% 大约 90%
- 🖎 The radius of near-earth satellite orbit is equal to the Earth's radius, **approximately** 6,400 km. 近地卫星的轨道半径等于地球半径，大约 6,400 公里。

021 **arbitrary** /ˈɑːbɪtrəri/ *adj.* 任意；专断的；专制的

4 频

- 🖨 capricious, whimsical
- 🖩 the arbitrary powers 专制权力
- 🖎 Such divisions are **arbitrary** and have vague boundaries. 这种划分是任意的，并且边界模糊。

022 **artificial** /ˌɑːtɪˈfɪʃl/ *adj.* 人造的，非自然的；模拟的

3频

- ⊞ artificial flowers 人造花
- ⊡ The **artificial** satellite was launched into orbit. 那枚人造卫星射入轨道。

023 **assemble** /əˈsembl/ *v.* 聚集，集合；组装

3频

- ⊞ assemble data 收集数据
- ⊡ The craft that takes the astronauts to Mars will be **assembled** at a space station in Earth orbit and launched from there. 飞船将在地球轨道上的一个空间站组装并从那里发射，把宇航员送上火星。

024 **associated** /əˈsəʊsieɪtɪd/ *adj.* 有关联的；联合的

11频

- ⊞ be associated with sth. 与某事有关联的
- ⊡ Both experimental groups share two attributes normally **associated** with vertebrates. 两个实验组共有通常与脊椎动物有关的两个属性。

025 **assumption** /əˈsʌmpʃn/ *n.* 假设，假定

5频

- ⊞ a valid assumption 有效的假设
- ⊡ He questioned the scientific **assumption** on which the global warming theory is based. 他曾质疑全球变暖理论所依据的科学假设。

026 **athlete** /ˈæθliːt/ *n.* 运动员

7频

- ⊞ a natural athlete 一位天生的运动员
- ⊡ The importance of being an Olympian will vary from **athlete** to athlete. 参加奥运会对每个运动员的意义都不同。

027 **attenuation** /əˌtenjuˈeɪʃn/ *n.* 衰减

59频

- ⊞ the form of attenuation 衰减形式
- ⊡ The linear **attenuation** (absorption) coefficient for the X-ray beam in the metal is 1.5 cm^{-1}. 金属中 X 射线束的线性衰减（吸收）系数为 1.5 波数。

028 **attractive** /əˈtræktɪv/ *adj.* 有吸引力的，迷人的

8 频

- ⊞ be attractive to sb. 对某人有吸引力
- 例 A career in law is becoming increasingly **attractive** to young people. 法律行业对年轻人的吸引力越来越大。

029 **available** /əˈveɪləbl/ *adj.* 可获得的；手边的；有资格的

181 频

- ⊞ available resources 可利用资源
- 例 Suggest two reasons why the electrical power output of the turbine is less than the power **available** from the wind. 指出涡轮机的电力输出小于风能输出的两个原因。

030 **average** /ˈævərɪdʒ/ *adj.* 平均的；普通的
n. 平均数，平均水平

181 频

- ⊞ be below average 低于平均水平
- 例 It is reasonable to assume that, on **average**, the smoke particle will have kinetic energy approximately equal to the kinetic energy of a single air molecule. 我们可以合理地假设，平均而言，烟雾颗粒的动能大约等于单个空气分子的动能。

031 **axle** /ˈæksl/ *n.* 轮轴

13 频

- ⊞ the front axle 前车轴
- 例 The rear **axle** carries the greatest weight. 后车轴承载着最大的重量。

B

---

032 **balanced** /ˈbælənst/ *adj.* 保持平衡的，和谐的；有
条不紊的

25频
- 🈂 a balanced diet 均衡饮食
- 🈂 There are highly sensitive and delicately **balanced** ecosystems in the forest. 森林里有高度敏感、微妙和谐的各种生态系统。

033 **barrel** /ˈbærəl/ *n.* 圆筒；桶

12频
- 🈂 a rotating barrel 一个旋转的滚筒
- 🈂 The main scale is on the shaft, and the fractional scale is on the rotating **barrel**. 主刻度在轴上，小数刻度在旋转的筒上。

034 **barrier** /ˈbæriə(r)/ *n.* 障碍物；阻力

8频
- 🈂 trade barriers 贸易壁垒
- 🈂 Another way to observe interference in a ripple tank is to use plane waves passing through two gaps in a **barrier**. 另一种观察波动箱中干涉现象的方法是观察穿过屏障中两个缝隙的平面波。

035 **basis** /ˈbeɪsɪs/ *n.* 基础；要素

3频
- 🈂 on a daily basis 按天，以一天为周期
- 🈂 In science and engineering, every measurement must be made on the same **basis**, so that measurements obtained in different laboratories can be compared. 在科学和工程领域中，每次测量都必须在同一基础上进行，以便与在不同实验室中获得的测量结果进行比较。

036 beaker /ˈbiːkə(r)/ n. 纸杯；烧杯

63频

- ⊕ a beaker of coffee 一杯咖啡
- 例 Place an unmarked thermometer in a **beaker** containing melting ice. 将未标记的温度计放入装有融冰的烧杯中。

037 behavior /bɪˈheɪvjə(r)/ n. 行为；表现方式

13频

- ⊕ study learned behaviours 研究习得行为
- 例 A person's **behaviour** is often regulated by his circumstances 人的行为常受其所处环境的影响。

038 belt /belt/ n. 传送带；腰带

6频

- ⊕ fasten a belt 扎牢腰带
- 例 A conveyor **belt** is driven at velocity v by a motor. 传送带由电动机驱动，以速度 v 运动。

039 bend /bend/ v.（使）弯曲；专心于
n. 弯曲；弯的状态

10频

- ⊕ a bend in the road 路上的转弯处
- 例 Steel barriers can **bend** and absorb the shock. 钢制栅栏可以弯曲，并能吸收冲击力。

040 beneath /bɪˈniːθ/ prep. 在……下面

5频

- ⊕ beneath the surface 在表面下
- 例 Place the protractor on the bench **beneath** the magnet. 将量角器放置在磁铁下方的工作台上。

041 biased /ˈbaɪəst/ adj. 偏压的；有偏见的

4频

- ⊕ forward biased 正向偏压
- 例 This novel device possesses satisfactory forward **biased** safe operating area. 这种新颖的装置具有令人满意的正偏安全工作区。

042 blade /bleɪd/ *n.* 刀片；扁平或薄的部分或一段

23 频

- 用 the blade of an oar 桨叶
- 例 The **blade** should vibrate up and down when you put the switch on and gradually increase the voltage. 当你打开开关并逐渐加大电压时，刀片应上下振动。

043 bob /bɒb/ *n.* 悬垂物；摆动

v. 上下快速移动

63 频

- 同 swing (*n.*)
- 用 a plumb bob 铅锤
- 例 Calculate the maximum speed of the pendulum **bob**. 计算该摆锤的最大速度。

044 bounce /baʊns/ *v.* 弹跳；上下晃动

n. 弹跳

7 频

- 用 in a single bounce 一跃
- 例 The ball **bounces** and only rises to a height of 0.8 m. 该球只弹到了 0.8 米的高度。

045 boundary /ˈbaʊndri/ *n.* 边界；边界线

16 频

- 近 border, frontier, limit
- 用 boundary disputes 边界争端
- 例 Scientists continue to push back the **boundaries** of human knowledge. 科学家不断扩大人类知识的范围。

046 bracket /ˈbrækɪt/ *vt.* 用括弧括上

n. 托架；括号

7 频

- 用 the wall bracket 墙上的固定托架
- 例 The **bracketed** figures represent the experimental uncertainty. 括弧内的数字表明实验的不确定性。

047 brake /breɪk/ *n.* 刹车，制动器；阻力

| | 12频 |

☐ 用 the brake pedal 刹车踏板

☐ 例 The harder the **brake** pedal is pressed, the greater the car's deceleration is. 刹车踩得越用力，车子减速就越猛。

048 breakdown /ˈbreɪkdaʊn/ *n.* 崩溃；故障

| | 10频 |

☐ 用 a breakdown on the motorway 高速公路上车辆抛锚

☐ 例 Electrical **breakdown** is when current flows through an electrical insulator when the voltage applied across it exceeds the breakdown voltage. 电击穿是指当电流流经绝缘材料时，施加在绝缘材料上的电压超过击穿电压。

049 brightness /ˈbraɪtnəs/ *n.* 亮度；明亮

| | 16频 |

☐ 用 the brightness of the light 光的亮度

☐ 例 An astronomer can determine the **brightness** of each star. 天文学家能够测定每颗恒星的亮度。

050 bucket /ˈbʌkɪt/ *n.* 桶；一桶（的量）

| | 12频 |

☐ 用 a bucket of water 一桶水

☐ 例 Carefully place the bottle in the **bucket** of water so that the bottle floats vertically in the water. 小心地将瓶子放进水桶中，使瓶子垂直漂浮在水上。

051 buffer /ˈbʌfə(r)/ *n.* 缓冲区；缓冲物（或人）
　　　　　　　　　　　　　vt. 减少（伤害）

| | 2频 |

☐ 用 buffer memory （计算机的）缓冲存储器

☐ 例 This circuit is often used as a **buffer** between electronic circuits, that is if something happens to one circuit it does not affect the other circuit. 该电路通常用作电子电路之间的一个缓冲区，也就是说，如果一个电路发生故障，该故障不会影响另一电路。

052 **bulb** /bʌlb/ *n.* 电灯泡；（植物）鳞茎

- ⊕ a 60-watt bulb 一个 60 瓦的电灯泡
- ⑩ The filament **bulb**, which emits light, is used, for example, in a car headlight or for lighting in houses. 灯丝灯泡可发光，例如用于汽车前灯或房屋照明。

053 **bullet** /ˈbʊlɪt/ *n.* 子弹；弹丸

7 频

- ⊕ a rifle bullet 步枪子弹
- ⑩ **Bullets** leave with momentum forwards and the gun has equal momentum backwards. 子弹离开时有前进的动量，而枪支则具有相等向后的动量。

054 **bungee** /ˈbʌndʒi/ *n.* 蹦极索；弹力绳索

11 频

- ⊕ bungee jumping 蹦极
- ⑩ The force with which the **bungee** rope pulls him back into the sky depends on the length of the rope. 蹦极绳将他拉回空中的力量取决于该绳的长度。

055 **buoyancy** /ˈbɔɪənsi/ *n.* 浮力；繁荣；开朗

1 频

- ⊕ the buoyancy of the market 市场的繁荣
- ⑩ Air can be pumped into the diving suit to increase **buoyancy**. 给潜水衣充气可以增加其浮力。

056 **burst** /bɜːst/ *n.* 一阵；突发，迸发
                v. （使）爆发

3 频

- ⊕ burst into sth. 突然爆发某事
- ⑩ The lightning strike or switching a current on or off creates a **burst** of radio waves. 雷击或打开（或关闭）电流都会产生一阵无线电波。

C

057 cable /'keɪbl/ *n.* 缆绳；电缆

120频

- ⊕ overhead cables 高架电缆
- ⊕ Telephone messages and other electronic signals such as **cable** TV signals are passed along fine glass fibres in the form of flashing laser light—a digital signal. 电话消息和其他电子信号（例如有线电视信号）以闪烁的激光（一种数字信号）的形式沿着细玻璃纤维传递。

058 calculate /'kælkjuleɪt/ *vt.* 计算；推测

993频

- ⊕ calculate the speed of a ball 计算小球的速度
- ⊕ The range of results shows that there were random errors made but the **calculated** value is correct, so the experiment was successful. 结果的范围可以看出实验中有随机误差，但是计算出的数值是对的，所以这个实验是成功的。

059 calibration /ˌkælɪ'breɪʃn/ *n.* 校准；刻度

9频

- 回 adjust (v.)
- ⊕ a calibration curve 校准曲线
- ⊕ There are instructions for the **calibration** of a thermometer. 这里有如何校准温度计的说明。

060 candidate /'kændɪdət/ *n.* 参加考试的人；候选人

284频

- ⊕ qualified candidate 合格的候选人
- ⊕ Write your name, centre number and **candidate** number on the Answer Sheet in the spaces provided unless this has been done for you. 如果您还未填写，请在提供的答题纸的空格上写下您的姓名、考点序号和应试者编号。

061 **capacity** /kə'pæsəti/ *n.* 容量；容积；能力

囲 intellectual capacity 智力

例 Because the bricks store a lot of energy in a small space, we say that the bricks have a high thermal **capacity**. 因为砖块在很小的空间中存储大量能量，所以我们说砖块具有很高的热容量。

062 **cardboard** /'kɑːdbɔːd/ *n.* 硬纸板
                              adj. 不真实的

9频

囲 a piece of cardboard 一张硬纸板

例 Give the **cardboard** two or three coats of varnish to harden it. 在纸板上涂上两三层漆，使其变硬。

063 **carriage** /'kærɪdʒ/ *n.* 可滑动的小车；火车厢；马车

19频

囲 a horse-drawn carriage 一辆四轮马车

例 A fairground ride consists of four **carriages** connected to a central vertical pole, as shown in the view from above. 如俯视图所示，游乐场由四个连接着中央立杆的小车组成。

064 **cart** /kɑːt/ *n.* 推车；运货马车
                      vt. 用马车运送

8频

囲 a shopping cart 购物车

例 A **cart** of mass 1.7 kg has horizontal velocity v towards the slider. 一个质量为1.7千克的推车以水平速度 v 朝向滑块运动。

065 **catapult** /'kætəpʌlt/ *n.* 弹弓；弹射器
                               v. 猛掷

1频

囲 a catapult field 弓形场

例 Elastic energy stored in a stretched piece of rubber is needed to fire a pellet from a **catapult**. 储存在拉伸的橡胶片中的弹性势能使小球从弹弓弹射出来。

066 Celsius /ˈselsiəs/ *n.* 摄氏度
adj. 摄氏的

8频

⊞ Celsius scale 摄氏温标

例 The thermometer shows the temperature in **Celsius** and Fahrenheit. 这支温度计有摄氏和华氏两种温度。

067 channel /ˈtʃænl/ *n.* 波段；频道；途径；海峡

5频

⊞ channels of communication 沟通渠道

例 Crosslinking occurs when a signal, transmitting on one circuit or **channel**, creates an undesired effect in another circuit or channel. 当在一个电路或波段上传输的信号在另一电路或波段上产生不希望得到的影响时，就会发生交联。

068 characteristic /ˌkærəktəˈrɪstɪk/ *n.* 特征，特性
adj. 特有的

16频

⊞ current-voltage characteristic 电流电压特性

例 In this experiment you will investigate how the **characteristics** of a circuit vary with its resistance. 在本实验中，你将研究电路的特性如何随电阻变化。

069 circuit /ˈsɜːkɪt/ *n.* 电路，线路；环形

19频

⊞ a circuit diagram 电路图

例 There is an internal **circuit** breaker to protect the instrument from overload. 内置断路器，可防止仪器过载。

070 circumference /səˈkʌmfərəns/ *n.* 圆周长

14频

⊞ the circumference of the earth 地球的周长

例 In each case an integral number of wavelengths fit into the **circumference** of the loop. 在任何情况下，环的圆周长都等于波长的整数倍。

071 **clamp** /klæmp/ *v.*（使）夹紧，固定
n. 夹具

165频

☐ ⊕ hang sth. from a clamp 夹子上悬挂着某物
☐ ⊕ **Clamp** one end of the plank to the edge of the table. 把厚木板
☐ 的一端用夹具固定在桌子的边缘。

072 **clarity** /ˈklærəti/ *n.* 清晰；明确

2频

☐ ⊕ clarity of vision 视野清晰
☐ ⊕ For **clarity**, the forces are shown slightly separated. 为了清楚
☐ 起见，图中显示的力略微分离。

073 **clay** /kleɪ/ *n.* 黏土

33频

☐ ⊕ hard clay 硬质黏土
☐ ⊕ Secure the electromagnet to the bench or table top with
☐ modelling **clay**. 用雕塑黏土将电磁体固定在工作台或桌面上。

074 **cliff** /klɪf/ *n.* 悬崖，峭壁

8频

☐ ⊕ the cliff edge 悬崖边缘
☐ ⊕ A stone is thrown from a **cliff** and strikes the surface of the
☐ sea with a vertical velocity v_1 and a horizontal velocity v_2. 从悬
崖上扔下一块石头，以 v_1 的垂直速度和 v_2 的水平速度撞击水面。

075 **clip** /klɪp/ *n.* 夹子，回形针；视频片段
v.（使）夹住

89频

☐ ⊜ clamp（*v.*）
☐ ⊕ a crocodile clip 一个鳄鱼嘴夹
☐ ⊕ A bar magnet can attract steel pins or paper **clips**, and a
fridge magnet can stick to the steel door of the fridge. 条形磁
铁可以吸引钢钉或回形针，而冰箱磁铁可以粘在冰箱的钢门上。

076 clockwise /ˈklɒkwaɪz/ adv. 沿着顺时针方向地 adj. 顺时针的

12 频

- [ ] 反 anticlockwise adv. 沿着逆时针方向地 adj. 逆时针的
- [ ] 用 a clockwise direction 顺时针方向
- [ ] 例 Do the vanes rotate **clockwise** or counterclockwise? 风向标是顺时针转动还是逆时针？

077 coaxial /kəʊˈæksɪəl/ adj. 同轴的

17 频

- [ ] 用 a coaxial cable 同轴电缆
- [ ] 例 Wire-pairs, **coaxial** cables, radio waves, microwaves and optic fibres transmit signals. 对偶线、同轴电缆、无线电波、微波和光纤可传输信号。

078 coefficient /ˌkəʊɪˈfɪʃnt/ n. 系数

26 频

- [ ] 用 the coefficient of friction 摩擦系数
- [ ] 例 The absorption **coefficient** is often strongly wavelength-dependent. 吸收系数往往与波长密切相关。

079 coherence /kəʊˈhɪərəns/ n. 相干性；连贯性，条理性

9 频

- [ ] 反 incoherence n. 不连贯性
- [ ] 用 quantum coherence 量子相干性
- [ ] 例 By reference to two waves, state what is meant by **coherence**. 参考两个波，说明什么叫相干性。

080 coil /kɔɪl/ v. 缠绕 n. 线圈

181 频

- [ ] 用 a coil of wire 一圈金属线
- [ ] 例 Measure and record the length y of the **coiled** part of the spring. 测量并记录弹簧盘绕部分的长度 y。

081 **collide** /kə'laɪd/ *vi.* 碰撞；冲突

- 用 collide with sth. 与某物相撞
- 例 The car **collided** head-on with the van. 那辆小轿车和货车迎面相撞。

082 **combination** /ˌkɒmbɪ'neɪʃn/ *n.* 混合；联合

- 近 affiliation, league, union
- 用 in combination with 与……联合
- 例 The materials can be used singly or in **combination**. 这些材料可以单独使用，也可以混合使用。

083 **compact** /kəm'pækt/ *adj.* 体积小的；袖珍的；坚实的
vt. 把……紧压在一起

- 用 a compact camera 一台袖珍照相机
- 例 A fossil-fuel power station can be **compact** and still supply a large population. 化石燃料发电站可能体积小，但仍然可以供应大量人口。

084 **compare** /kəm'peə(r)/ *v.* 比较，对比

- 用 compare A and/with B 把 A 与 B 相比较
- 例 How do the two instruments **compare** in terms of application? 这两台仪器实际运用起来，哪个更好？

085 **completely** /kəm'pli:tli/ *adv.* 完全地，彻底地

- 近 totally
- 用 completely and utterly broke 彻底破产
- 例 In a **completely** inelastic collision, the maximum amount of kinetic energy is lost (subject to the law of conservation of momentum). 在完全非弹性的碰撞中，会损失最大的动能（遵从动量守恒定律）。

086 component /kəmˈpəʊnənt/ *n.* 组成部分；成分

170频

- 用 the car component industry 汽车零部件制造业
- 例 Enriched uranium is a key **component** of a nuclear weapon. 浓缩铀是核武器的关键组成部分。

087 composition /ˌkɒmpəˈzɪʃn/ *n.* 组合方式；成分；作品；作曲

24频

- 用 the chemical composition of the soil 土壤的化学成分
- 例 State the change in quark **composition** of the particles during this reaction. 写出该反应期间粒子内夸克组合方式的变化。

088 compress /kəmˈpres/ *vt.* 压缩；精简

4频

- 近 condense, shrink
- 用 compress sth. [into sth.] 压缩……（成为……）
- 例 Wood blocks may **compress** a great deal under pressure. 木块在压力下可以缩小很多。

089 concentrated /ˈkɒnsntreɪtɪd/ *adj.* 集中的；浓缩的；全力以赴的

15频

- 用 concentrated orange juice 浓缩橙汁
- 例 The total amount of energy coming from the laser is probably much less than that from a bulb, but it is much more **concentrated**. 激光发出的能量总量可能比灯泡发出的能量少得多，但更集中。

090 conclude /kənˈkluːd/ *v.* 得出结论；（使）结束

1频

- 用 conclude with 以……结束
- 例 We have to **conclude** that sometimes light shows wave-like behaviour; at other times it behaves as particles (photons). 我们必须得出结论，有时光会表现出波状行为；在其他时候，它表现为粒子（光子）。

091 **conclusion** /kən'kluːʒn/ *n.* 结论，推论；结局

10 频

- 🌐 in conclusion 最后，总之
- 📝 No final **conclusion** has yet been reached on this matter. 这个问题尚无定论。

092 **condition** /kən'dɪʃn/ *n.* 条件；状态；健康状况

10 频

- 🌐 be in bad condition 处于糟糕的状态
- 📝 The plants grow best in cool, damp **conditions**. 这种植物最适合在阴凉、潮湿的环境下生长。

093 **conduction** /kən'dʌkʃn/ *n.* （热或电等能量的）传导

19 频

- 🌐 electrical conduction 电传导
- 📝 There is hardly any **conduction** of heat in fluids. 流体中几乎没有热传导。

094 **connection** /kə'nekʃn/ *n.* 连接；关联；转机

11 频

- 🌐 in connection with 关于……
- 📝 A **connection** made to each wire allows an unwanted person to hear a telephone conversation. 连接每根电线就可以使不相关的人听到电话通话内容。

095 **consecutive** /kən'sekjətɪv/ *adj.* 连续不断的

2 频

- 🔵 continuous, successive
- 🌐 consecutive coefficient 相继系数
- 📝 Measure and record the time for at least 10 **consecutive** swings. 测量并记录至少十次（小球）连续摆动的时间。

096 **consequence** /'kɒnsɪkwəns/ *n.* 结果；重要性

2 频

- 🌐 in consequence of sth. 由于某事
- 📝 A reduction in the balance reading occurs as a **consequence** of the immersion. 完全浸入（水面）的结果会导致天平读数降低。

097 conserve /kən'sɜːv/ *vt.* 使守恒；保存；保护

1 频

- ⊞ conserve energy 储存能量
- ⑩ As with all equations representing nuclear processes, both nucleon number A and proton number Z are **conserved**. 与所有代表核过程的方程式一样，核子数 A 和质子数 Z 均守恒。

098 consist /kən'sɪst/ *vi.* 由……组成；在于

3 频

- ⊞ consist in 存在于
- ⑩ The atmosphere **consists** of more than 70% of nitrogen. 大气中含有 70% 以上的氮气。

099 consistent /kən'sɪstənt/ *adj.* 与……一致的；始终如一的；连续的

4 频

- ⊞ be consistent with sth. 与某事一致
- ⑩ Explain whether your answers are **consistent** with the principle of conservation of energy. 解释一下你的答案是否与能量守恒定律一致。

100 constant /'kɒnstənt/ *n.* 常数
adj. 恒定的；连续发生的

1791 频

- ⑥ consecutive (*adj.*)
- ⊞ at a constant speed of... 以……的恒定速度
- ⑩ It is suggested that F and t are related by the equation where k is a **constant**. 有结果表明 F 和 t 通过该等式相关联，其中 k 为常数。

101 construction /kən'strʌkʃn/ *n.* 建立；建造物；建造

3 频

- ⊞ under construction 在修建中
- ⑩ The diagram shows a large crane on a **construction** site lifting a cube-shaped load. 该图展示了施工现场的一辆大型起重机起吊一块立方体状的重物。

102 **container** /kən'teɪnə(r)/ *n.* 容器；集装箱

113频

- 用 an airtight container 一个密封容器
- 例 Use the formula to calculate the volume of the **container**. 用公式计算该容器的容积。

103 **contaminate** /kən'tæmɪneɪt/ *vt.* 污染；玷污

3频

- 同 pollute
- 用 contaminate sth. (with sth.) 污染……
- 例 Do not add any chemicals to the system piping which will **contaminate** the potable water supply. 不要在管道系统内添加任何可能导致饮用水污染的化学物品。

104 **content** /'kɒntent/ *n.* 所含之物；容量；目录
/kən'tent/ *adj.* 满意的

3频

- 同 capacity (n.)
- 用 be content with sth. 对某事满意
- 例 Test your calculation by weighing the container and its **contents**. 通过称量该容器及其内部物质的重量来检验你的计算是否准确。

105 **continuously** /kən'tɪnjuəsli/ *adv.* 持续不断地

8频

- 同 constantly
- 用 continuously deformable 可连续形变的
- 例 The geomagnetic field varies **continuously**. 地磁场不断地发生变化。

106 **contract** /kən'trækt/ *v.* （使）收缩；与……订立合同
/'kɒntrækt/ *n.* 合同，契约

3频

- 用 enter into a contract with sb. 与某人签订合同
- 例 The air inside the flask expanded and **contracted** as the temperature rose and fell. 随着温度的增高或降低，瓶子里的空气会膨胀或收缩。

107 contrast /ˈkɒntrɑːst/ *n.* 对比，对照
/kənˈtrɑːst/ *v.* 对比

| | 13频 |

- 回 compare (*n.* & *v.*)
- 搭 contrast A and/with B A 与 B 作对比
- 例 Suggest whether the X-ray image of the model has good **contrast**. 说明该模型的 X 射线图是否有良好的对比度。

108 contribute /kənˈtrɪbjuːt/ *v.* 促使；做贡献；捐献

| | 1频 |

- 搭 contribute to sth. 有助于某事
- 例 The lower strings **contribute** a splendid richness of sonority. 下弦能带来雄壮浑厚的音响效果。

109 convert /kənˈvɜːt/ *v.* （使）转变，转化；（使）改变宗教信仰
/ˈkɒnvɜːt/ *n.* 改变宗教的人

| | 4频 |

- 搭 convert from A to B 由 A 转变为 B
- 例 The transmitted digital signal is **converted** back to an analogue signal using a digital-to-analogue converter. 使用数模转换器将传输的数字信号转换回模拟信号。

110 coplanar /kəʊˈpleɪnə(r)/ *adj.* 共面的

| | 7频 |

- 搭 coplanar forces 共面力
- 例 The motion transformation is not necessary **coplanar**, nor must it be concentric. 运动变换不一定是共面的，也不一定是同心的。

111 cord /kɔːd/ *n.* 粗线

| | 47频 |

- 搭 an electrical cord 电线
- 例 Bind the ends of the **cord** together with thread. 用线把该绳的两端捆扎起来。

112 cork /kɔːk/ n. 软木；软木塞
vt. 用软木塞封（瓶）

14频

- 用 a cork mat 软木垫
- 例 **Cork** is a very buoyant material. 软木是极易浮起的材料。

113 correspond /ˌkɒrə'spɒnd/ vi. 一致，符合；相当于；
通信

词频2

- 用 A correspond to/with B A 与 B 一致
- 例 For each of the following wavelengths measured in a vacuum, state the type of electromagnetic radiation to which it **corresponds**. 对于下列每个在真空中测量的波长，请说明其对应的电磁辐射的类型。

114 count /kaʊnt/ v. 计算总数；有价值；看作
n. 总数

38频

- 同 calculate (v.)
- 用 count down to sth. 对某事倒计时
- 例 Each α-particle gave a tiny flash of light and these were **counted** by the experimenters. 每个 α 粒子发出微弱的闪光，并由实验者进行计数。

115 crack /kræk/ v.（使）破裂；重击
n. 裂缝；（突然的）爆裂声

4频

- 用 a crack of thunder 一声霹雳
- 例 Glass containers may **crack** when hot liquid is placed in them. 玻璃容器放入热的液体时可能会破裂。

116 criterion /kraɪ'tɪəriən/ n. 尺度、标准

2频

- 同 measure (n.), standard (n.), principle
- 例 First of all, set up a **criterion** for checking whether the values of k are consistent. 首先，设立一个可以用来检查 k 值是否一致的标准。

117 critical /ˈkrɪtɪkl/ adj. 关键性的；批判的；严重的

2 频

- 同 crucial, decisive
- 用 of critical importance 极其重要
- 例 The stiffness and elasticity of rubber are **critical** factors in bungee jumping. 橡胶的刚度和弹性在蹦极时起着至关重要的作用。

118 crystal /ˈkrɪstl/ n. 结晶；水晶

12 频

- 用 ice crystals 冰的结晶体
- 例 When the water is still, use tweezers to place a small **crystal** of potassium manganate on the bottom of the beaker, at one side. 当水静止时，使用镊子在烧杯底部的一侧放置一个小的锰酸钾晶体。

119 cube /kjuːb/ n. 立方体；三次幂

60 频

- 用 be in the form of a cube 以立方体的形式
- 例 A **cube** of side 0.20 m floats in water with 0.15 m below the surface of the water. 一个边长为 0.2 米的立方体在水面漂浮，有 0.15 米在水面下。

120 cubic /ˈkjuːbɪk/ adj. 立方的；立方形的

4 频

- 用 a cubic figure 立方形
- 例 The average flow of the river is 200 **cubic** metres per second. 该河流的平均流量为每秒 200 立方米。

121 cuboid /ˈkjuːbɔɪd/ n. 长方体

10 频

- 用 a uniform solid cuboid 一个均匀实心的长方体
- 例 Measure the length, width and height of the **cuboid**. 测量出该长方体的长、宽、高。

122 **curve** /kɜːv/ v.（使）沿曲线运动
　　　　　　　　　n. 曲线；曲面

29 频

- ☐ 🔁 a pattern of straight lines and curves 直线与曲线交织
- ☐ 的图案
- ☐ 🔁 The law of reflection also works for **curved** surfaces, such as concave and convex mirrors. 反射定律也适用于曲面，例如凹面镜和凸面镜。

123 **cylinder** /ˈsɪlɪndə(r)/ n. 圆柱；（用作容器的）圆筒
　　　　　　　　　　状物

160 频

- ☐ 🔁 barrel
- ☐ 🔁 a gas cylinder 气罐
- ☐ 🔁 The **cylinder** has length x and cross-sectional area A. 该圆柱体长度为 x，截面积为 A。

D

---

124 deduce /dɪˈdjuːs/ *vt.* 推论，推断；演绎

6频

- 圆 infer (*v.*)
- 匣 deduce sth. (from sth.) 推断······
- 例 He tried to **deduce** the value of the current in the figure with the Kirchhoff's first law. 他试图利用基尔霍夫第一定律推导图中电流的值。

---

125 define /dɪˈfaɪn/ *vt.* 下定义；阐明，限定

123频

- 匣 be defined as 被定义为······
- 例 He incorrectly used the product of velocity and weight to **define** momentum. 他错误地使用速度和重量的乘积来定义动量。

---

126 deflect /dɪˈflekt/ *v.* （使）偏斜；转移

2频

- 圆 sheer
- 匣 deflect attention 转移注意力
- 例 Some α-particles were **deflected** slightly, but about 1 in 20,000 were deflected through an angle of more than 90°. 一些 α 粒子略微偏转，但约 1/20,000 的粒子偏转了 90° 以上。

---

127 deformation /ˌdiːfɔːˈmeɪʃn/ *n.* 变形；畸形

23频

- 匣 plastic deformation 塑性变形
- 例 The **deformation** of the paper consists of elastic deformation and plastic deformation. 纸的变形包括弹性变形和塑性变形。

128 **degree** /dɪˈɡriː/ *n.* 度数；（大学）学位；程度

3频

- 用 by degrees 逐渐地
- 例 At 20℃, the resistance changes only a little for each **degree** change in temperature. 在 20 摄氏度时，温度每变化一度，电阻只发生轻微变化。

129 **delay** /dɪˈleɪ/ *n.* 延迟的时间
v. 延迟；（使）迟到

3频

- 用 a two-hour delay 两小时的延误
- 例 Estimate this time **delay** for communication via a satellite, and explain why it is less significant when cables are used. 预估卫星通信而导致的时间延迟，并解释使用电缆时该时间延迟不那么明显的原因。

130 **demonstrate** /ˈdemənstreɪt/ *vt.* 证明；论证；显示

16频

- 近 manifest, display, illustrate
- 用 demonstrate sth. to be sth. ……被证明是……
- 例 An electron beam tube can be used to **demonstrate** the magnetic force on a moving charge. 电子束管可用于论证运动电荷上的磁力。

131 **dense** /dens/ *adj.* 密度大的；浓密的；密集的

7频

- 用 dense fog 浓雾
- 例 Copper is more **dense** than water. 铜比水的密度大。

132 **depend** /dɪˈpend/ *vi.* 取决于；依靠

4频

- 用 depend on/upon 依靠
- 例 How does the output power P of the source **depend** on the internal resistance R of the source and the resistance R of the load? 电源的输出功率 P 是如何取决于电源的内部电阻 R 和负载的电阻 R？

133 depth /depθ/ *n.* 深度；（知识的）渊博；深奥

4频

- 用 the depth of a cut 刀口深度
- 例 Because the pressure is greatest at the greatest **depth**, the dam must be made thickest at its base. 由于在最大深度处压力最大，因此坝基处必须是最厚的。

134 derive /dɪ'raɪv/ *v.* 获得，取得；（使）起源于

17频

- 用 derive from sth. 从……衍生出，起源于
- 例 **Derive** an expression for the Hall voltage in terms of *I*, *B*, *t*, the number density *n* of free electrons in the metal and the charge *e* on an electron. 根据 *I*、*B*、*t*，金属中自由电子的数密度 *n* 和电子上的电荷 *e* 来得出霍尔电压的表达式。

135 descend /dɪ'send/ *v.* 下降；下斜；降临

3频

- 近 fall, decline, plunge
- 用 in descending order 按递减顺序
- 例 The ball moves up slope *PQ*, along the horizontal surface *QR* and finally **descends** slope *RS*. 该小球沿坡 *PQ* 向上移动，顺着水平面 *QR*，最后沿着坡 *RS* 下来。

136 describe /dɪ'skraɪb/ *vt.* 描述；把……称为；描画

4频

- 近 portray, depict
- 用 describe sth. as sth. 把……描述为……
- 例 Hooke's law **describes** how the extension of a spring relates to the load on the spring. 胡克定律描述了弹簧的延伸度与弹簧上的负载之间的关系。

137 description /dɪ'skrɪpʃn/ *n.* 描述；说明；种类

7频

- 用 give a detailed description of the procedure 对程序作详细的说明
- 例 The equation gives a good **description** of gases in many different situations. 该方程式很好地描述了许多不同情况下的气体。

138 **destination** /ˌdestɪˈneɪʃn/ *n.* 终点，目的地

- 用 arrive at the destination 到达目的地
- 例 If they are to fly in a straight line towards their **destination**, the pilot must take account of the wind speed. 如果他们要直线飞向目的地，飞行员必须考虑风速。

139 **detect** /dɪˈtekt/ *vt.* 发现；查明

- 同 recognise, discover
- 用 detect the disease 查出疾病
- 例 When scientists measure the temperature of space, they are **detecting** the last remnants of the great fireball that was the early universe. 当科学家们测量太空温度时，他们探测的是早期宇宙中火球的最后残留物。

140 **determine** /dɪˈtɜːmɪn/ *v.* 测定，算出；决定

- 同 calculate
- 用 to be determined 待定
- 例 In an experiment to **determine** the acceleration of free fall using a falling body, what would lead to a value that is too large? 在利用下落物体测定自由落体加速度的实验中，什么会导致这一数值过大？

141 **deviation** /ˌdiːviˈeɪʃn/ *n.* 偏离；偏差

- 用 frequency deviation 频偏
- 例 10 to 15 percent **deviation** is considered acceptable. 10% 至 15% 的偏离是可以接受的。

142 **device** /dɪˈvaɪs/ *n.* 仪器；策略，手段

- 同 apparatus
- 用 a water-saving device 节水装置
- 例 The **device** is designed to transmit signals to satellites. 该设备旨在将信号传输到卫星上。

143 diagnosis /ˌdaɪəgˈnəʊsɪs/ *n.* 诊断；判断

8频

- ⊞ error diagnosis 错误诊断
- ⑨ The **diagnosis** of some diseases may be carried out using a source of gamma radiation. 可以使用伽马射线进行某些疾病的诊断。

144 diagram /ˈdaɪəgræm/ *n.* 图表，示意图

496频

- ⊞ a diagram of the heating system 加热系统示意图
- ⑨ Draw a free-body **diagram** showing the three horizontal forces acting on the ship. 绘制一个受力分析图，显示作用在该船上的三个水平力。

145 diameter /daɪˈæmɪtə(r)/ *n.* 直径；放大倍数

282频

- ⊞ the diameter of a tree trunk 树干的直径
- ⑨ The axis of a circle is its **diameter**. 圆的轴是其直径。

146 dice /daɪs/ *n.* 骰子
vt. 将……切成小方块

4频

- ⊞ a pair of dice 一对骰子
- ⑨ A class of students used **dice** to simulate radioactive decay. 一个班的学生用骰子模拟放射性衰变。

147 differ /ˈdɪfə(r)/ *vi.* 有区别，不同于；意见相左

3频

- ⊞ A differ from B A 区别于 B
- ⑨ The two theories **differ** from each other in many ways. 这两种理论彼此间有很多方面不同。

148 digit /ˈdɪdʒɪt/ *n.* 数字，数位

3频

- ⊞ a four-digit number 四位数
- ⑨ If a digital ammeter reads 0.35 A then, without any more information, the uncertainty is ± 0.01 A, the smallest **digit** on the meter. 如果数字电流表的读数为 0.35 安，则在没有更多信息的情况下，不确定度为 ± 0.01 安，是仪表上的最小数字。

149 diminish /dɪˈmɪnɪʃ/ *v.* 减少；（使）减弱；贬低

8频

- 🔁 buffer, decrease
- 🔗 diminishing returns 收益递减
- 📝 As the weights of the atoms increase, the frequencies of the vibrations **diminish**. 随着原子重量的增加，振动频率相应减少。

150 direct /dəˈrekt/ *adj.* 直接的；直射的
　　　　　　　　　　vt. 把……指向；指引

9频

- 🔗 a direct flight 直飞航班
- 📝 A digital clock is one that gives a **direct** reading of the time in numerals. 数字时钟是一种可以直接读取数字时间的时钟。

151 disadvantage /ˌdɪsədˈvɑːntɪdʒ/ *n.* 不利因素；障碍

8频

- 🔗 a serious disadvantage 重大的不利条件
- 📝 The table summarises the advantages and **disadvantages** of wire-pairs and coaxial cable. 图表总结了线对同轴电缆的优缺点。

152 discrete /dɪˈskriːt/ *adj.* 分离的；互不相连的

5频

- 🔁 separate
- 🔗 discrete data 离散数据
- 📝 Probability distributions are classified as either **discrete** or continuous. 概率分布分为离散分布或连续分布。

153 discuss /dɪˈskʌs/ *vt.* 阐述；讨论；商量

4频

- 🔗 discuss sth. with sb. 与某人商量某事
- 📝 As **discussed** above, a fossil-fuel power station can be compact and still supply a large population. 如上所述，化石燃料发电站可以是小型的，但仍然可供应大量人口。

154 **display** /dɪˈspleɪ/ *vt.* 陈列；展示；显露
n. 展览

15频

- 用 on display 陈列，展出
- 例 An oscilloscope is used to **display** the initial pulse and the reflected pulse. 示波器用于显示初始脉冲和反射脉冲。

155 **dissipate** /ˈdɪsɪpeɪt/ *v.* （使）消散；驱散；挥霍

1频

- 近 waste, squander
- 用 dissipate the tension in the air 消除紧张气氛
- 例 Assume that energy is **dissipated** in the lamp at a steady rate. 假设能量以稳定的速率在灯中消散。

156 **distinguish** /dɪˈstɪŋɡwɪʃ/ *v.* 区分，辨别

27频

- 用 distinguish A from B 把 A 与 B 区分开
- 例 The table shows how shapes and sizes help us to **distinguish** between solids, liquids and gases. 图表显示了形状和大小如何帮助我们区分固体、液体和气体。

157 **distribution** /ˌdɪstrɪˈbjuːʃn/ *n.* 分布；分配；经销

11频

- 用 distribution costs 经销成本
- 例 Radiology was used to determine the **distribution** of the disease. 放射学曾用于测定该疾病的分布。

158 **diverging** /daɪˈvɜːdʒɪŋ/ *adj.* 发散的；偏离的

1频

- 派 deviation (*n.*)
- 用 diverging lenses 分散透镜
- 例 **Diverging** lenses are thinnest at the middle. 发散透镜中间最薄。

159 **division** /dɪˈvɪʒn/ *n.* 格；分开；分配；除法

14频

- 近 distribution
- 用 cell division 细胞分裂

例 The Y-gain control has a unit marked in volts/cm, or sometimes volts/**division**. Y 增益控制的单位标记为伏特 / 厘米，有时也标为伏特 / 格。

160 **domestic** /dəˈmestɪk/ *adj.* 国内的；家用的；驯养的

1 频

用 domestic appliances 家用器具

例 The fuses in a **domestic** fuse box will 'blow' if the current is too large. 如果电流过大，家用电箱中的保险丝会 "熔断"。

161 **dose** /dəʊs/ *n.* 一剂
      vt. 给（某人）服药

3 频

用 a high dose 大剂量

例 X-rays are only weakly absorbed by photographic film, so, historically, patients had to be exposed to long and intense **doses** of X-rays. X 射线能被胶卷吸收的很少，因此，一直以来患者必须长时间接受强剂量的 X 射线照射。

162 **dot** /dɒt/ *vt.* 在……加点；遍布
    n. 点

8 频

用 dot A on/over B 将 A 布满 B

例 The **dotted** line shows the path of a competitor in a ski-jumping competition. 虚线呈现了跳台滑雪比赛中一位参赛者的比赛路径。

163 **drag** /dræg/ *n.* 空气阻力
     v. 拖，拉；迫使

1 频

用 the drag coefficient 阻力系数

例 Air resistance or **drag** is the force of friction when an object moves through air or water. 空气阻力或阻力是物体在空气中移动时的摩擦力。

164 **driven** /'drɪvn/ *adj.* 由……造成的；受……的影响

11 频

- ⊕ a market-driven economy 市场导向的经济
- ⑩ A string is attached at one end to a vibration generator, **driven** by a signal generator. 弦的一端接到振动发生器，该振动发生器由信号发生器驱动。

165 **droplet** /'drɒplət/ *n.* 小滴

16 频

- ⊕ oil droplet 油滴
- ⑩ Light from the sun is diffracted as it passes through foggy air (which is full of tiny **droplets** of water), producing a halo of light. 太阳光穿过多雾空气（到处都是微小的水滴）时会发生衍射，从而产生光晕。

E

---

166 **edge** /edʒ/ *n.* 边缘；刀口
     v. （使）渐渐移动

55 频

- ⊕ a sharp edge 锋利的刀刃
- ⑩ Then the electrons are like tiny grains of dust, orbiting the nucleus at different distances, right out to the **edge** of the football ground. 然后，电子就像微小的尘埃颗粒一样，以不同的距离绕核运动，一直到足球场的边缘。

---

167 **elastic** /ɪˈlæstɪk/ *adj.* 有弹性的；灵活的
     n. 松紧带

169 频

- ⊕ elastic materials 弹性材料
- ⑩ The spheres have a head-on **elastic** collision. 这些小球之间发生了迎面的弹性碰撞。

---

168 **electromagnet** /ɪˌlektrəʊˈmægnət/ *n.* 电磁铁，
     电磁体

10 频

- ⊕ the principle of electromagnet induction 电磁感应原理
- ⑩ Lifting **electromagnet** is a kind of lifting gear. 起重电磁铁是起重工具的一种。

---

169 **elementary** /ˌelɪˈmentri/ *adj.* 基本的；初级的

168 频

- ⊕ at an elementary level 处于初级水平
- ⑩ A proton is an **elementary** particle of matter. 质子是物质的基本粒子。

170 embed /ɪmˈbed/ vt. 把……牢牢地嵌入；嵌入

3频

- 🔵 embed A in B 把 A 嵌入 B
- 🔵 The atom is formed from a sphere of positively charged matter with tiny, negatively charged electrons **embedded** in it. 原子由带正电物质的球体形成，其中嵌入了微小的带负电的电子。

171 emerge /ɪˈmɜːdʒ/ v. 出现；显露，显现

3频

- 🔵 appear, come
- 🔵 it emerges that... 事已清楚……
- 🔵 You start timing when the first electron **emerges** from the right-hand end of the wire. 当第一个电子从导线的右端出来时，你开始计时。

172 emission /ɪˈmɪʃn/ n. （光、热等）发出，排放；排放物

85频

- 🔵 emission controls 排放控制
- 🔵 This **emission** of heat is completely independent of temperature and pressure. 热量的散发完全与温度和压力无关。

173 emit /ɪˈmɪt/ vt. 发出，散发（光、热、声音等）

14频

- 🔵 a light-emitting diode 发光二极管
- 🔵 Stars **emit** light which contains only certain characteristic wavelengths. 恒星发出的光仅包含某些特定的波长。

174 enable /ɪˈneɪbl/ vt. 使能够；使实现

4频

- 🔵 allow
- 🔵 enable sb. to do sth. 使某人能够做某事
- 🔵 The shell has to be slightly porous to **enable** oxygen to pass in. 外壳必须有一些孔以使氧气通过。

175 enclose /ɪnˈkləʊz/ vt. 围住；把……围起来；附上

5频

- 用 enclose A in/with B 用 B 把 A 围起来
- 例 The thermometer had a volume of mercury in an **enclosed** and evacuated tube, with no chance of liquid loss by evaporation. 温度计在密闭的真空管中有一定量的汞，不会因蒸发而损失液体。

176 engine /ˈendʒɪn/ n. 引擎；发动机；火车头

47频

- 用 a petrol engine 汽油发动机
- 例 A car **engine** exerts an average force of 500 N in moving the car 1.0 km in 200 s. 汽车引擎施加平均为 500 牛顿的力，使得该汽车在 200 秒内行驶了 1 千米。

177 ensure /ɪnˈʃʊə(r)/ vt. 确保；保证

31频

- 近 guarantee, assure
- 用 ensure sb. sth. 确保……
- 例 Using the friction clutch **ensures** just the right pressure. 使用摩擦离合器可确保恰到好处的压力。

178 enter /ˈentə(r)/ v. 登记；开始参加；进入

10频

- 用 enter a relationship 建立关系
- 例 Energy is like money: the amounts **entering** a system must equal the amounts leaving it or stored within it. 能量就像金钱：进入系统的数量必须等于离开系统或存储在其中的数量。

179 equation /ɪˈkweɪʒn/ n. 等式，方程式；相等

289频

- 用 a word equation 字等式
- 例 This **equation** can be used for both fusion (melting) and vaporisation (boiling). 该方程式可用于熔合（熔融）和汽化（沸腾）。

180 **equipment** /ɪˈkwɪpmənt/ *n.* 设备，器材

43频

- ⓕ device
- ⓟ electronic equipment 电子设备
- ⓔ Better driving **equipment** will improve track adhesion in slippery conditions. 较好的驾驶设备能改善在湿滑条件下的履带附着力。

181 **equivalent** /ɪˈkwɪvələnt/ *adj.* 相等的
n. 相等的东西；等量

20频

- ⓟ an equivalent amount 等量
- ⓔ The helmets are designed to withstand impacts **equivalent** to a fall from a bicycle. 头盔的设计可承受从自行车上跌落的等量冲击。

182 **escape** /ɪˈskeɪp/ *v.* 逃脱；幸免
n. 逃脱；漏出

2频

- ⓟ escape from 从……逃脱
- ⓔ Write down how much energy each kilogram of matter must be given to **escape** completely from Mars's gravitational field. 写下每千克物质必须得到多少能量才能使其完全逃离火星的引力场。

183 **estimate** /ˈestɪmeɪt/ *vt.* 估算
/ˈestɪmət/ *n.* 估计

127频

- ⓟ an approximate estimate 大致的估计
- ⓔ Use the figure to **estimate** the change in electric potential energy of this point charge. 利用图表估算该点电荷的势能变化。

184 **evacuated** /ɪˈvækjueɪtɪd/ *adj.* 真空的

48频

- ⓟ evacuated tube 真空管
- ⓔ Rutherford's scattering experiments were done in an **evacuated** container. 卢瑟福散射实验是在真空容器中进行的。

185 evaluate /ɪˈvæljueɪt/ vt. 评价，评估

1 频

- 🔄 assess
- 🔧 evaluate sb. on sth. 根据……评价某人
- 📝 A single specimen testing record is sufficient to **evaluate**. 单个样品的测试记录足以进行评估。

186 evaporate /ɪˈvæpəreɪt/ v. （使）蒸发，挥发；逐渐消失

1 频

- 🔄 disappear, vanish, fade
- 🔧 evaporate to dryness 蒸干
- 📝 While water **evaporates**, a large amount of heat is absorbed. 水蒸发时，会吸收大量的热。

187 evenly /ˈiːvnli/ adv. 均等地；有规律地；平静地

3 频

- 🔧 evenly distributed 平均分配的
- 📝 Mercury expands at a steady rate as it is heated, which means that the marks on the scale are **evenly** spaced. 汞在加热时以稳定的速度膨胀，这意味着秤上的标记需要均匀分布。

188 eventually /ɪˈventʃuəli/ adv. 最后，终于

7 频

- 🔄 finally, ultimately
- 🔧 eventually succeed 最终成功
- 📝 There is a net outflow of energetic molecules from the liquid, and **eventually** it will evaporate away completely. 能量分子从液体中净流出，最终将完全蒸发掉。

189 evidence /ˈevɪdəns/ n. 证据；根据
vt. 表明，证明

23 频

- 🔄 demonstrate (vt.)
- 🔧 be in evidence 显而易见
- 📝 Give one piece of **evidence** which shows which sound can travel through solid materials. 提供一份证据表明声音可以通过固体材料传播。

190 **exactly** /ɪɡˈzæktli/ *adv.* 准确地，精确地

9频

- 🔄 precisely
- 🔗 exactly the same 完全一样
- 📝 The speed of light as it travels through empty space is **exactly** 299,792,458 m/s. 光穿过空无一物的空间的速度准确来说为 299,792,458 米每秒。

191 **examine** /ɪɡˈzæmɪn/ *vt.* 仔细检查；考察；测验

1频

- 🔄 inspect, review
- 🔗 examine tickets 查票
- 📝 The sun is **examined** by several satellite observatories. 太阳由数个卫星观测站观测。

192 **exceed** /ɪkˈsiːd/ *vt.* 超过；超越（限制、规定等）

2频

- 🔄 surpass, excel
- 🔗 exceed oneself 超越自我
- 📝 Energies that **exceed** the work function can cause the release of an electron from the metal. 超过功函数的能量会导致电子从金属中释放出来。

193 **excess** /ɪkˈses/ *adj.* 超额的；附加的
n. 超过；过度

4频

- 🔄 exceed (v.)
- 🔗 excess production 超额产量
- 📝 Gamma-radiation is usually emitted after α or β decay, to release **excess** energy from the nuclei. 伽马射线通常在 α 或 β 衰变之后放出，以从原子核释放出多余的能量。

194 **exchange** /ɪksˈtʃeɪndʒ/ *vt.* 交换
n. 交换；交流；对话

67频

- 🔗 exchange ideas 交流思想
- 📝 A single photon can only interact, and hence **exchange** its energy, with a single electron (one-to-one interaction). 单个光子只能与单个电子（一对一）相互作用，以进行能量交换。

195 **exert** /ɪg'zɜːt/ *vt.* 施加；运用；行驶；竭力

- ⊞ exert forces on sth. 在某物上施加力
- ⊡ Copy the diagram and show the forces the two magnets **exert** on each other. 复制该图并画出两个磁体相互施加的力。

196 **existence** /ɪg'zɪstəns/ *n.* 存在；生活方式

- ⊜ subsistence, presence
- ⊞ in existence 现存
- ⊡ Antiquarks are needed to account for the **existence** of antimatter. 必须用反夸克来解释反物质的存在。

197 **expand** /ɪk'spænd/ *v.* 膨胀；扩大，增加；扩展

- ⊗ contract, shrink
- ⊞ expand into sth.〔使〕扩展，将……扩充成
- ⊡ The gas is heated and this causes it to **expand**, pushing back the piston through distance r from position P to position Q. 气体被加热并膨胀，将活塞从 P 点推回至 Q 点，两点距离为 r。

198 **expansion** /ɪk'spænʃn/ *n.* 膨胀；扩张；扩展

- ⊞ rapid economic expansion 经济迅猛发展
- ⊡ When a fluid is heated, its **expansion** causes its density to decrease. 液体被加热时，密度因体积的增大而降低。

199 **experience** /ɪk'spɪəriəns/ *vt.* 经历
n. 经验；实践；经历

- ⊞ experience difficulty 遇到困难
- ⊡ Air resistance is just one example of the resistive or viscous forces which objects **experience** when they move through a fluid—a liquid or a gas. 空气阻力只是物体在流体（液体或气体）中移动时经历阻力或粘力的一个例子。

200 **experiment** /ɪkˈsperɪmənt/ *n.* 实验
vi. 做实验；尝试

| 1频 |

- 用 conduct an experiment 做实验
- 例 The α-particle scattering **experiment** provides evidence for the existence of a small, massive and positively charged nucleus at the centre of the atom. α粒子散射实验提供了原子中心存在着大量带正电的小型原子核的证据。

201 **experimental** /ɪkˌsperɪˈmentl/ *adj.* 科学实验的；
试验性的

| 9频 |

- 用 at the experimental stage 处于试验阶段
- 例 Nuclear physics has provided extensive **experimental** support for the mass-energy equivalence. 核物理学为质能等价性提供了广泛的实验支持。

202 **explain** /ɪkˈspleɪn/ *v.* 解释；阐明；说明

| 722频 |

- 同 clarify, describe, justify
- 用 explain sth. to sb. 给……解释……
- 例 Physicists invent mathematical models—equations and so on—to **explain** their findings. 物理学家发明数学模型（方程式等）来解释他们的发现。

203 **explode** /ɪkˈspləʊd/ *v.* 爆炸；勃然（大怒）；突增；
突然爆发

| 4频 |

- 同 burst, blow up
- 用 explode with anger 勃然大怒；大发雷霆
- 例 As the rockets start to fall, they send out showers of chemical packages, each of which **explodes** to produce a brilliant sphere of burning chemicals. 火箭坠落时，会释放出大量的化学物质，这些化学物质都会爆炸燃烧，燃烧形成的火球明亮耀眼。

204 **exponential** /ˌekspəˈnenʃl/ *adj.* 指数的，用指数表示的

- ⊞ exponential decay 指数式衰变
- 例 The nuclear decay is **exponential**. 核衰变是指数式衰变。

205 **exposure** /ɪkˈspəʊʒə(r)/ *n.* 暴露；遭受；揭露；报道

- ⊞ prolonged exposure to harmful radiation 长时间接触有害辐射
- 例 Continuous **exposure** to sound above 80 decibels could be harmful. 持续暴露在强度高于 80 分贝的噪声中是有害的。

206 **express** /ɪkˈspres/ *vt.* 表达
adj. 特快的；明确的

- ⊞ an express train 特快列车
- 例 The behaviour of the spring in the linear region *OA* of the graph can be **expressed** by the equation. 弹簧在图上线性区域 *OA* 中的运动状态可以用公式表示。

207 **extend** /ɪkˈstend/ *v.* 延伸；持续

- ⊞ extend a fence 扩建护栏
- 例 A load is applied to the wire which causes it to **extend** by an amount *x*. 电线上挂着一个重物，使电线的长度延长了 *x*。

208 **external** /ɪkˈstɜːnl/ *adj.* 外部的；外界的

- ⊞ the external walls of the building 建筑物的外墙
- 例 When the wire is connected to a battery or an **external** power supply, each electron within the metal experiences an electrical force that causes it to move towards the positive end of the battery. 当导线连接到电池或外部电源时，金属中的每个电子都会受到电场作用力，使其朝电池的正极移动。

F

扫一扫
听本节音频

209 **factor** /ˈfæktə(r)/ *n.* 倍数；系数；因素

10频

- 🔄 coefficient
- 🔧 key factors 关键因素
- 📝 To step up the input voltage by a **factor** of 16, there must be 16 times as many turns on the secondary coil as on the primary coil. 要将输入电压提高 16 倍，次级线圈的匝数必须是初级线圈的 16 倍。

210 **fairground** /ˈfeəɡraʊnd/ *n.* 露天游乐场

2频

- 🔧 at the fairground 在游乐场
- 📝 A **fairground** ride consists of four carriages connected to a central vertical pole. 游乐场飞车设施由四个与中央垂直杆相连的小车组成。

211 **fasten** /ˈfɑːsn/ *v.* 使固定；扎牢，扣紧

229频

- 🔄 clip, clamp
- 🔧 fasten the seatbelt 系好安全带
- 📝 At the end of the examination, **fasten** all your work together. 考试结束时，把所有答卷固定在一起。

212 **fault** /fɔːlt/ *n.* 故障；过错；弱点

7频

- 🔄 defect
- 🔧 your own fault 你自己的过失
- 📝 The aircraft made an unscheduled landing after developing an electrical **fault**. 发生电力故障后，飞机意外降落。

213 **feedback** /ˈfiːdbæk/ n. 反馈意见

13频

- 囲 positive feedback 正反馈
- 例 State two effects of negative **feedback** on the gain of an amplifier incorporating an operational amplifier. 陈述负反馈对于合并了运算放大器的放大器增益的两种影响。

214 **filament** /ˈfɪləmənt/ n. 细丝；灯丝

61频

- 囲 metal filaments 金属丝
- 例 Cold cathode tubes are more rugged than the glass, hot-**filament** tubes. 冷阴极管比玻璃热丝管更坚固。

215 **filter** /ˈfɪltə(r)/ v. 过滤；渗入
n. 过滤（器）

13频

- 囲 filter (sth.) out 过滤掉（某物）
- 例 Charcoal can be used to **filter** water. 木炭可以用来过滤水。

216 **firmly** /ˈfɜːmli/ adv. 牢固地；坚定地

5频

- 囲 hold firmly 紧紧抓住
- 例 The spring hangs freely with the top end clamped **firmly**. 弹簧自由悬挂，顶端被牢牢固定着。

217 **fit** /fɪt/ v. 安置；适合
adj. 合适的；健康的

199频

- 同 appropriate (adj.)
- 囲 the best fit 最佳适配
- 例 A radio is **fitted** with a transformer to reduce the mains voltage. 一台收音机装有一个变压器，以此来降低电源电压。

218 **flask** /flɑːsk/ n. 烧瓶；（可随身携带的）瓶子

6频

- 囲 a flask of wine 一瓶酒
- 例 Immerse the sample **flask** in a constant temperature bath. 将样品瓶浸入恒温槽中。

219 **flexible** /ˈfleksəbl/ *adj.* 灵活的；有弹性的；柔韧的

7频

- 🔄 elastic
- 🔤 flexible plastic tubing 可弯曲的塑料管
- 📝 The diagram shows a man standing on a platform that is attached to a **flexible** pipe. 该图显示一个人站在连接着一个可弯曲管道的平台上。

220 **floating** /ˈfləʊtɪŋ/ *adj.* 浮动的；不固定的；流动的

8频

- 🔤 floating layer 浮层
- 📝 Upthrust is equal and opposite to the weight of the boat, as it is **floating**. 船处于漂浮状态时，上浮力与该船的重量相等而力的方向相反。

221 **fluctuate** /ˈflʌktʃueɪt/ *v.* 波动

3频

- 🔤 fluctuating prices 波动的价格
- 📝 When a ship goes in waves, propulsion thrust will **fluctuate** remarkably. 当船舶遭遇波浪时，推进力会发生明显波动。

222 **flywheel** /ˈflaɪwiːl/ *n.* 飞轮，惯性轮

17频

- 🔤 the flywheel mechanism 飞轮装置
- 📝 The diagram shows a cathode-ray oscilloscope (c.r.o.) being used to measure the rate of rotation of a **flywheel**. 该图显示用于测量飞轮转速的阴极射线示波器。

223 **fold** /fəʊld/ *v.* 折叠；包裹
n. 褶，折叠部分

3频

- 🔤 fold one's arms 双臂交叉
- 📝 A strain gauge consists of **folded** fine metal wire mounted on a flexible insulating backing sheet. 折叠着的细金属丝安装在可弯曲的绝缘背板上，组成应变仪。

224 **forbidden** /fəˈbɪdn/ *adj.* 禁止的

14频

- ⊕ be forbidden to do sth. 禁止做某事
- ⑩ **Forbidden** band is a gap between conduction band and valence band. 禁带是导带和价带之间的间隙。

225 **force** /fɔːs/ *vt.* 强迫；迫使
　　　　　　　　　　n. 武力；力

6频

- ⓘ drag (v.)
- ⊕ the force of the blow 打击力
- ⑩ The pressure is very high, so that hydrogen atoms are **forced** very close together, allowing them to fuse. 压力非常高，因此氢原子紧密接触，得以融合。

226 **formation** /fɔːˈmeɪʃn/ *n.* 组成；编队，队形

6频

- ⊕ rock formations 岩层
- ⑩ The heats of **formation** of various ionic compounds show tremendous variations. 各种离子化合物组成过程中产生的热有很大的差异。

227 **formulation** /ˌfɔːmjuˈleɪʃn/ *n.* 阐述，确切表达；
　　　　　　　　　　　　　　　　　　制订

1频

- ⊕ the formulation of new policies 新政策的制订
- ⑩ Which physical quantities are assumed to be conserved in the **formulation** of Kirchhoff's first law and of Kirchhoff's second law? 在阐述基尔霍夫第一定律和基尔霍夫第二定律时，假定哪些物理量守恒？

228 **fraction** /ˈfrækʃn/ *n.* 小部分；少量；分数

11频

- ⓘ division, portion, segment
- ⊕ fraction of a second 一瞬间
- ⑩ The nucleus is a tiny **fraction** of the size of the atom, and the nuclear forces do not extend very far outside the nucleus. 原子核仅是原子大小的一小部分，核力不会延伸到原子核之外很远的地方。

229 **fracture** /ˈfræktʃə(r)/ *n.* 断裂，破裂；骨折
v. （使）断裂

2频

- 回 crack (*n.*)
- 用 a fracture of the leg 腿骨骨折
- 例 The diagram shows the force-extension graphs for two materials, of the same dimensions, loaded to **fracture**. 该图显示具有相同尺寸的两种材料在断裂时的受力和伸长量。

230 **fragment** /ˈfrægmənt/ *n.* 碎片，片段
vi. （使）碎裂

5频

- 回 fracture (*vi.*)
- 用 a fragment of DNA 一个基因片段
- 例 Each **fragment**'s immense kinetic energy was transformed into heat. 每个碎片的巨大动能都转化为热量。

231 **frame** /freɪm/ *n.* 构架；框架
vt. 给……镶框

2频

- 用 aluminum window frames 铝窗框
- 例 Ensure that the **frame** is securely fixed to the ground with bolts. 确保使用螺旋将框架牢固地固定在地面上。

232 **frequently** /ˈfriːkwəntli/ *adv.* 频繁地

8频

- 反 infrequently
- 用 frequently asked questions 常见问答
- 例 Decrease the temperature so that the particles will collide with the walls with less force, and less **frequently**. 降低温度，使粒子以较小的力和较低的频率与墙壁碰撞。

233 **frictionless** /ˈfrɪkʃnləs/ *adj.* 无摩擦的

57频

- 用 a frictionless air track 无摩擦的空气轨道
- 例 The string passes around a **frictionless** pulley and carries a mass of 20 g. 细线绕过无摩擦的皮带轮，并承载 20 克的质量。

234 fringe /frɪndʒ/ *n.* 条纹；流苏；一排（树木、房屋等）

- 🔵 a fringe of woodland 一条森林带
- 🔵 These bright dots are referred to as interference '**fringes**', and they are regions where light waves from the two slits are arriving in phase with each other, i.e. there is constructive interference. 这些亮点称为干涉"条纹"，它们显示了来自两个缝隙的光波到达与彼此同相位的区域，也就是说，这时存在相干干涉。

235 fundamental /ˌfʌndəˈmentl/ *adj.* 根本的；基础的
　　　　　　　　　　　　　　　　　　n. 基本原理，根本法则

- 🔵 basis (*n.*)
- 🔵 the fundamentals of modern physics 现代物理学的基本原理
- 🔵 The law of the unity of opposites is the **fundamental** law of the universe. 对立统一定律是宇宙的基本定律。

236 funnel /ˈfʌnl/ *n.* 漏斗；（轮船上的）烟囱

- 🔵 through a funnel 通过漏斗
- 🔵 The ice is heated electrically in a **funnel**, and water runs out of the funnel, collected in a beaker on a balance. 利用电加热漏斗里的冰块，水从漏斗中流出并被收集到天平上的烧杯中。

237 fuse /fjuːz/ *v.* （使）融合，熔接
　　　　　　　　　　　n. 保险丝；引信

- 🔵 fuse wire 熔丝，保险丝
- 🔵 In nuclear fusion, two energetic hydrogen atoms collide and **fuse** (join up) to form an atom of helium. 在核聚变中，两个高能氢原子碰撞并融合（结合）形成氦原子。

G

238 **gain** /geɪn/ *n.* 增加；好处
　　　　　　　　 v. 获得；增加

10频

☐ 圙 derive
☐ 圕 gain access to sth. 得以接近某物
☐ 例 What is the **gain** in potential energy of the load? 该重物的势能增加了多少？

239 **gauge** /geɪdʒ/ *n.* 测量仪器；轨距
　　　　　　　　　 vt. （用仪器）测量；判定

32频

☐ 圕 a fuel gauge 燃料表
☐ 例 The diagram below shows an enlargement of the scale on the micrometer screw **gauge**. 该图显示千分尺螺丝上刻度的放大图。

240 **generate** /'dʒenəreɪt/ *vt.* 产生；引起

6频

☐ 圕 generate electricity 发电
☐ 例 Some designs of generator **generate** direct current, others **generate** alternating current. 一些发电机设计成能产生直流电，其他的能产生交流电。

241 **gently** /'dʒentli/ *adv.* 温柔地；和缓地

16频

☐ 圙 lightly, mildly
☐ 圕 gently but firmly 温柔而坚定
☐ 例 The bungee jumper must be brought **gently** to a halt. 跳蹦极的人必须轻轻停下来。

242　glide /glaɪd/ vi. 滑行；滑翔
n. 滑行

2频

- 用 the graceful glide of a skater 滑冰者优美的滑行动作
- 例 A man wearing a wingsuit **glides** through the air with a constant velocity of 47 m s⁻¹ at an angle of 24° to the horizontal. 一名身穿翼服的男子以 47 米每秒的恒定速度，以水平 24 度的角度在空中滑行。

243　gradient /ˈɡreɪdiənt/ n. 坡度；斜率；变化率

372频

- 用 a steep gradient 一个陡坡
- 例 A car is travelling along a road that has a uniform downhill **gradient**. 汽车在下坡坡度均匀的公路上行驶。

244　grid /ɡrɪd/ n. 系统网络；方格；格栅

13频

- 用 the national grid 国家输电网
- 例 Power stations typically generate electricity at 25 kV, which has to be converted to the **grid** voltage—say 400 kV—using transformers. 发电厂通常以 25 kV 的电压发电，必须使用变压器将其转换为电网电压（例如 400 kV）。

245　grip /ɡrɪp/ v. 握紧，抓牢

16频

- 近 grasp, seize, clutch
- 例 The **right-hand grip rule** is applied to determine the direction of the magnetic field generated around a current in a straight wire or a solenoid. 用右手螺旋定则可以来判断通电直导线或通电螺线管周围产生的磁场的方向。

H

扫一扫
听本节音频

246 **halt** /hɔːlt/ *n.* 停止，暂停

    v. （使）停下

2频

- 🔄 pause (*v. & n.*), stop (*v. & n.*)
- 🔧 call a halt at 叫停……
- 📝 The alpha particle must ionise thousands of molecules before it loses all of its energy and comes to a **halt**. α 粒子必须电离数千个分子，才能释放出全部能量并趋于静止。

247 **handle** /'hændl/ *v.* 处理；控制

    n. 把手

2频

- 🔄 deal with, cope with
- 🔧 handle yourself 自处
- 📝 The computer software which **handles** the data provided by the motion sensor can calculate the acceleration of a trolley. 计算机软件会处理运动传感器提供的数据，也会计算手推车的加速度。

248 **handset** /'hændset/ *n.* 电话听筒

3频

- 🔄 receiver
- 🔧 sound booster handset 增音手机
- 📝 A mobile phone **handset** is, at its simplest, a radio transmitter and receiver. 最简单来说，手机听筒就是无线电发射器和接收器。

249 **hardness** /'hɑːdnəs/ *n.* 硬性；困难

9频

- 用 water hardness 水的硬度
- 例 The **hardness** of an X-ray beam can be increased by increasing the voltage across the X-ray tube, thereby producing X-rays of higher energies. 可以通过增加 X 射线管两段的电压来增加 X 射线束的硬度，从而产生更高能量的 X 射线。

250 **hazard** /'hæzəd/ *n.* 危险，危害
　　　　　　　　　　　　 vt. 冒险猜测

4频

- 用 a fire hazard 火灾隐患
- 例 If you open a smoke detector to replace the battery, you may see a yellow and black radiation **hazard** warning sign. 如果你打开烟雾探测器更换电池，你可能会看到黄黑色的辐射危险警告标志。

251 **height** /haɪt/ *n.* 高度；顶点；身高；高地

5频

- 用 be of average height 中等身材
- 例 The spacecraft is to orbit the planet at a **height** of 2.4 × 105 m above the surface of the planet. 航天器将在行星表面上方 2.4 × 105 米的高度上围绕行星运行。

252 **hemisphere** /'hemɪsfɪə(r)/ *n.* 半球

3频

- 用 the northern hemisphere 北半球
- 例 An object shaped as a **hemisphere** rests with its flat surface on a table. 一个半球状物体以其平面放在桌上。

253 **hinge** /hɪndʒ/ *vt.* 给（某物）装铰链
　　　　　　　　　　 n. 铰链，合页

7频

- 用 a hinged door 铰接的门
- 例 The mirror was **hinged** to a surrounding frame. 用铰链把镜子和外框连接在一起。

254 **hollow** /ˈhɒləʊ/ *adj.* 中空的；凹陷的

　　　　　　　　　　　　　n. 树洞；坑洼处

9频

☐ **用** muddy hollows 泥泞的洼地

☐ **例** A **hollow** tube, sealed at one end, has a cross-sectional area of 24 cm². 一端密封着的空心管的横截面积为 24 平方厘米。

☐

255 **horizontally** /ˌhɒrɪˈzɒntəli/ *adv.* 水平地

51频

☐ **反** vertically *adv.* 垂直地

☐ **用** horizontally split 水平剖分

☐ **例** Please place the device **horizontally** to prevent device being damaged. 请将设备水平放置以防破损。

I

256 identical /aɪˈdentɪkl/ *adj.* 完全同样的

76频

- ⊕ be identical to/with sth. 与某物完全相同
- ⊕ Set up two **identical** flasks, one with water, the other with paraffin. 设置两个相同的烧瓶，一个装水，另一个装石蜡。

257 identify /aɪˈdentɪfaɪ/ *vt.* 确认；鉴定；发现

4频

- ⊜ detect
- ⊕ identify A with B 把 A 等同于 B
- ⊕ **Identify** the component X and describe how the circuit works. 确定组件 X 的作用并描述电路如何工作。

258 ignore /ɪɡˈnɔː(r)/ *vt.* 忽视，不予理会

11频

- ⊜ disregard
- ⊕ ignore the fact that... 无视……的事实
- ⊕ Particles may be atoms, molecules or ions, but we will simplify things by **ignoring** these differences and referring only to particles. 粒子可以是原子、分子或离子，但是我们会忽略这些差异，仅简单称之为粒子。

259 illuminate /ɪˈluːmɪneɪt/ *vt.* 照射，照明；阐明

3频

- ⊜ explain (v.)
- ⊕ illuminate for sb. 给某人阐明
- ⊕ The shadow of an object is much sharper if it is **illuminated** by a small lamp, rather than a large lamp. 如果用小灯而不是大灯照射物体，物体的阴影会更加清晰。

260 **illustrate** /ˈɪləstreɪt/ vt. 说明，解释；加插图于

7 频

- ◉ explain (v.)
- ⊞ an illustrated textbook 有插图的课本
- ⊘ A boat is using echo-sounding equipment to measure the depth of the water underneath it, as **illustrated** in the diagram. 如该图所示，船正使用回声探测设备来测量其下方的水深。

261 **immediately** /ɪˈmiːdiətli/ adv. 立刻，马上；紧接地

11 频

- ◉ at once, instantly
- ⊞ immediately after sth. 紧接某事之后
- ⊘ In order to catch up with car A, car B **immediately** accelerates uniformly for 20 s to reach a constant velocity of 50 m s^{-1}. 为了追赶汽车 A，汽车 B 立刻均匀加速 20 秒以达到 50 米每秒的恒定速度。

262 **immerse** /ɪˈmɜːs/ vt. 使浸没于；沉浸在

2 频

- ⊞ immerse yourself in sth. 沉浸在某事
- ⊘ The pencil is partly **immersed** in water. 铅笔部分浸入水中。

263 **impact** /ˈɪmpækt/ v.（对某事物）有影响；冲击
/ˈɪmpækt/ n. 冲撞；影响

34 频

- ◉ affect (v.)
- ⊞ the environmental impact 环境影响
- ⊘ Crumple zone in the front of a car collapses on **impact**. 汽车前部的防撞缓冲区在撞击时会塌陷。

264 **incident** /ɪmˈpækt/ adj. 入射的
/ˈɪmpækt/ n. 发生的事情；暴力事件

143 频

- ⊞ a diplomatic incident 外交冲突
- ⊘ Light of wavelength 590 nm is **incident** normally on a surface. 波长为 590 纳米的光垂直入射在表面上。

265 **inclined** /ɪnˈklaɪnd/ *adj.* 倾斜的；有……倾向的；有可能

23频

- 🖐 be inclined to do sth. 有倾向做某事
- 📝 A block of mass 1.5 kg is at rest on a rough surface which is **inclined** at 20° to the horizontal. 1.5 千克的质量放在粗糙的表面上，该表面与水平面的倾斜度为 20 度。

266 **incomplete** /ˌɪnkəmˈpliːt/ *adj.* 不完整的，不完全的

8频

- 🖐 an incomplete set of figures 一组不完整的数字
- 📝 An **incomplete** ray diagram represents the situation. 不完整的射线图显示这个情况。

267 **incorrect** /ˌɪnkəˈrekt/ *adj.* 不准确的；不真实的

9频

- 🖐 incorrect information 不准确的信息
- 📝 If the resistance of a thermistor were divided evenly, the scale would be **incorrect**. 如果将热敏电阻的电阻平均分配，该比例尺就不正确。

268 **independent** /ˌɪndɪˈpendənt/ *adj.* 独立的；自主的；公正的

9频

- 🖐 independent variables 自变量
- 📝 A resistor is an electrical component whose resistance in a circuit remains constant, is **independent** of current or potential difference. 电阻器是电气组件，其在电路中的电阻保持恒定，与电流或势差无关。

269 **indicate** /ˈɪndɪkeɪt/ *v.* 表明；暗示；指出

15频

- 🔄 suggest, show, demonstrate, present
- 🖐 indicate by 用……指示
- 📝 The figure shows lines to **indicate** how the direction of travel of the ripples changes. 图中的线条显示了波纹的传播方向如何变化。

270 **individual** /ˌɪndɪ'vɪdʒuəl/ *adj.* 单独的；个别的
n. 个人

2频

- ⊕ individual decisions 个人的决定
- ⊕ After combing, your hair is light and fluffy—the **individual** hairs repel each other. 梳理头发后，你的头发轻盈蓬松，因为头发相互排斥。

271 **induce** /ɪn'djuːs/ *vt.* 感应；引起；催生

1频

- ⊜ generate, evoke, elicit
- ⊕ induce sb. to do sth. 劝说（或引诱）某人做某事
- ⊛ When the op-amp switches off the coil in the relay, there is a large **induced** EMF, because of the change in magnetic flux in the coil. 当运算放大器关闭继电器中的线圈时，因为线圈中的磁通量有变化，会产生较大的感应电动势。

272 **infer** /ɪn'fɜː(r)/ *vt.* 推断；暗示，意指

6频

- ⊜ deduce, indicate, imply
- ⊕ infer sth. from sth. 从……推断……
- ⊛ Rate meters **infer** a readout from a continuous stream. 速率计从连续流中推断出读数。

273 **infinite** /'ɪnfɪnət/ *adj.* 无限的；无法衡量的

36频

- ⊕ an infinite universe 无垠的宇宙
- ⊛ The ideal resistance of a voltmeter would be **infinite**. 电压表的理想电阻是无限的。

274 **influence** /'ɪnfluəns/ *n.* 影响
vt. 影响，对……起作用

2频

- ⊜ impact [n. & v.]
- ⊕ exert a strong influence on sb. 对某人产生巨大的影响
- ⊛ An electric field of strength 5×10^4 is the only **influence** on the electron. 强度为 5×10^4 的电场是对电子的唯一影响。

275 inner /ˈɪnə(r)/ adj. 内部的；接近中心的

6频

☐ ⊕ inner London 伦敦市中心区

☐ ⊕ In a conventional X-ray, the beam must pass through both sides of the skull and this makes it difficult to see the **inner** tissue. 在传统的 X 射线中，光束必须穿过颅骨的两侧，这使得内部组织很难被看到。

276 input /ˈɪnʊt/ n. 投入；输入；（电、数据等）输入端
vt. 输入

103频

☐ ⊕ data input 数据输入

☐ ⊕ This program accepts **input** from most word processors. 这个程序可接受大多数文字处理系统输入的信息。

277 insert /ɪnˈsɜːt/ vt. 插入；添加
/ˈɪnsɜːt/ n. 添加物；插页

5频

☐ ⊕ insert A in/into B 把 A 插入 B

☐ ⊕ Complete the table by **inserting** the appropriate column headings and units, and calculating the densities. 通过插入适当的列标题和单位并计算密度来完成表格。

278 instant /ˈɪnstənt/ adj. 立即的；速溶的

49频

☐ ⊜ immediately (adv.)

☐ ⊕ instant coffee 速溶咖啡

☐ ⊕ Drivers should know how fast they are moving—they have a speedometer to tell them their speed at any **instant** in time. 驾驶员应该知道他们的行进速度——有一个速度表可以及时地告诉他们当下的速度。

279 **instantaneous** /ˌɪnstənˈteɪnɪəs/ *adj.* 瞬间的；立刻的

1 频

- 圓 immediately (*adv.*)
- 囲 instantaneous speed 瞬时速度
- 例 Chips are designed to be as small as possible, because the flow of electric current is not **instantaneous**. 芯片被设计得尽可能小，因为电流不是瞬时流动的。

280 **instrument** /ˈɪnstrəmənt/ *n.* 器械，仪器；手段

10 频

- 圓 apparatus, device
- 囲 the flight instruments 飞行仪表
- 例 The compass is an **instrument** of navigation. 指南针是一种导航工具。

281 **insulating** /ˈɪnsʌleɪtɪŋ/ *adj.* 起隔热（或隔音、绝缘）作用的

8 频

- 囲 insulating materials 绝缘材料
- 例 The diagram shows an **insulating** rod with equal and opposite point charges at each end. 该图显示了一根绝缘棒，其两端各带有相等且相反的点电荷。

282 **insulation** /ˌɪnsjuˈleɪʃn/ *n.* 绝缘；隔热；隔音

3 频

- 囲 foam insulation 泡沫绝缘材料
- 例 A wet suit provides excellent **insulation**. 潜水衣可提供出色的绝缘性。

283 **intended** /ɪnˈtendɪd/ *adj.* 意欲达到的；打算的，计划的

2 频

- 囲 the intended purpose 预期的目的
- 例 Columbus's course across the Atlantic Ocean took him further south than he had **intended** to go. 哥伦布横跨大西洋的航线将他带到了他原本打算去的更南端的地方。

284 interaction /ˌɪntərˈækʃn/ *n.* 交流，沟通；相互影响

12 频

- 🔄 exchange
- 🔗 the interaction between performers and audience 演员和观众间的互动
- 📝 We have to take account of a further force within the nucleus, the weak **interaction**, also known as the weak nuclear force. 我们必须考虑原子核内的另一种作用力，即弱相互作用，也称为弱核力。

285 internal /ɪnˈtɜːnl/ *adj.* 内部的；体内的

269 频

- 🔄 inner
- 🔗 the internal surface 内表面
- 📝 The 2 kg of water at 30℃ has twice as much **internal** energy as 1 kg. 在 30 摄氏度的状态下，2 千克水的内能是 1 千克水的两倍。

286 interpret /ɪnˈtɜːprɪt/ *v.* 诠释；领会；口译

279 频

- 🔄 explain, clarify
- 🔗 interpret the meaning of... 解释……的含义
- 📝 **Interpret** and evaluate experimental observations and data. 解释和评估实验观察结果和数据。

287 interrupt /ˌɪntəˈrʌpt/ *v.* 打断；打岔；使暂停

2 频

- 🔄 stop, hinder
- 🔗 interrupt sb./sth. with sth. 打断……
- 📝 On the right, a piece of card, called an **interrupt** card, is mounted on the trolley. 在右侧，将一张卡（称为中断卡）安装在手推车上。

288 **interval** /ˈɪntəvl/ *n.* （时间上的）间隔；幕间休息

39 频

- ⊕ at intervals 每隔一段时间
- ⊕ The observation of a pendulum led Galileo to study time **intervals** and allowed pendulum clocks to be developed. 通过观测钟摆，伽利略研究了时间间隔，并发明了摆钟。

289 **intervening** /ˌɪntəˈviːnɪŋ/ *adj.* 介于中间的；发生于其间的

2 频

- ⊕ during intervening years 在这几年间
- ⊕ Lightning can occur between a charged cloud and the Earth's surface when the electric field strength in the **intervening** atmosphere reaches 25 kN C^{-1}. 当居间大气层中的电场强度达到 25 千牛顿每库仑时，带电的云层与地表之间会发生闪电。

290 **intrinsic** /ɪnˈtrɪnsɪk/ *adj.* 固有的；内在的

4 频

- ⊕ the intrinsic value 内在价值
- ⊕ Silicon and germanium are described as **intrinsic** semiconductors because their conductivity is a property of the pure material itself. 硅和锗被描述为本征半导体，因为它们的导电性是纯材料本身的特性。

291 **inversely** /ˌɪnˈvɜːsli/ *adv.* 相反地

10 频

- ⊜ conversely
- ⊕ be inversely proportional to sth. 与……成反比
- ⊕ Use the energy level diagram to show that the energy E of an energy level is **inversely** proportional to n^2. 使用能级图显示能级的能量 E 与 n^2 成反比。

292 investigate /ɪnˈvestɪɡeɪt/ vt. 研究，调查

189 频

- 用 investigate the effect of... 研究……的影响
- 例 Geiger and Marsden carried out an experiment to **investigate** the structure of the atom. 盖格和马斯登进行了一项研究原子结构的实验。

293 involved /ɪnˈvɒlvd/ adj. 参与的；有关联的；专注的

7 频

- 同 associated
- 用 be involved in sth. 专心于某事
- 例 Energy, and energy changes, are **involved** in all sorts of activities. 各种活动中都有能量和能量变化。

294 ionisation /ˌaɪənaɪˈzeɪʃn/ n. 电离；离子化

3 频

- 用 the ionisation of a gas 气体的电离
- 例 Cosmic rays and X-rays produce energetic electrons by **ionisation**. 宇宙射线和 X 射线通过电离产生高能电子。

J

295 jug /dʒʌg/ *n.* 罐；壶

5频

☐ ⊞ a milk jug 奶壶

☐ ⑩ When the water stops flowing, empty the water from the tray into one of the **jugs** provided. 当水停止流动时，将水从托盘中倒入提供的一个水罐中。

☐

296 junction /ˈdʒʌŋkʃn/ *n.* 连接处；交叉路口；枢纽站

9频

☐ ⓔ connection

☐ ⊞ a telephone junction box 电话分线盒

☐ ⑩ A wire of metal X is joined at each end to wires of metal Y to form two **junctions**. 金属线 X 的两端分别与金属线 Y 相连以形成两个连接处。

297 justify /ˈdʒʌstɪfaɪ/ *vt.* 证明……正确；作解释

75频

☐ ⓔ illustrate, explain, defend

☐ ⊞ justify sb./sth. doing sth. 证明……正确

☐ ⑩ Suggest one other situation in which solar cells would be a good choice, and **justify** your suggestion. 建议另一种太阳能电池会是一个不错的选择，并证明你的建议是合理的。

K

扫一扫
听本节音频

298 **knot** /nɒt/ *n.* 结；发簪
                  v. 把……打成结

7 频

- 🌐 tie a knot 打结
- 📝 Tie **knots** so that length *d* is approximately equal to your calculated value of *l*. 打个结，使长度 *d* 约等于你计算得到的 *l* 值。

L

299 **label** /ˈleɪbl/ *vt.* 贴标签于
n. 标记；标签；绰号

132频

- ⊞ be labelled as 被称作
- ⑳ In the diagram, each energy level is **labeled** with its 'principal quantum number' *n*. 在该图中，每个能级都标有"主量子数" *n*。

300 **laminated** /ˈlæmɪneɪtɪd/ *adj.* 层压的；由薄层粘制成的

4频

- ⊞ laminated glass 夹层玻璃
- ⑳ The rotating slip ring is insulated from the shaft by a **laminated** plastic bushing. 旋转滑环通过层压的塑料套管与主轴绝缘。

301 **laser** /ˈleɪzə(r)/ *n.* 激光器

2频

- ⊞ a laser beam 激光束
- ⑳ These links are fused as needed using a **laser** or other techniques. 这些链接可以根据需要使用激光器或者其他技术熔断。

302 **launch** /lɔːntʃ/ *vt.* 开始从事；发行；发射
n. 发射

6频

- ⊞ launch an attack 发起攻击
- ⑳ A rocket is **launched** from the surface of a planet and moves along a radial path. 火箭从行星表面发射，并沿径向路径移动。

303 layer /ˈleɪə(r)/ *n.* 层，层次
vt. 把……分层堆放

	11 频

- 用 a layer of dust 一层尘土
- 例 Modern houses are often built with cavity walls, with an air gap between the two **layers** of bricks. 现代房屋通常是用空心墙建造的，两层砖之间有气隙。

304 lever /ˈliːvə(r)/ *n.* 杠杆；操纵杆
vt. 撬动

	12 频

- 近 prise (vt.)
- 用 lever the door open 撬开门
- 例 The force F_1 is pushing down on the **lever**, at a perpendicular distance x_1 from the pivot. 力 F_1 在离支点垂直距离 x_1 处向下推动杠杆。

305 lid /lɪd/ *n.* 盖子

	13 频

- 用 keep the lid on sth. 对某事守口如瓶
- 例 **Lids** reduce heat loss by convection. 盖子能减少由于对流造成的热损失。

306 limited /ˈlɪmɪtɪd/ *adj.* 有限的，受限制的

	4 频

- 用 a limited amount of... 有限的……
- 例 There are **limited** reserves of fossil fuels, so that if we continue to use them, they will one day run out. 化石燃料的储量有限，因此，如果我们继续使用，有一天会用光。

307 linearly /ˈlɪniəli/ *adv.* 线性地，直线地

	3 频

- 用 measure sth. linearly 直线测量某物
- 例 The density of air on the Earth decreases almost **linearly** with height from 1.22 kg m^{-3} at sea level to 0.74 kg m^{-3} at an altitude of 5,000 m. 地球上的空气密度随高度的上升几乎呈线性下降，从海平面的 1.22 千克每立方米下降到海拔 5,000 米的 0.74 千克每立方米。

308 link /lɪŋk/ *vt.* 把……连接起来

n. 联系；链接；关系

7频

- 回 connection (*n.*)
- 用 link up with sb./sth. 与某人或某物相联系或连接
- 例 A relay is used to **link** two circuits together. 继电器用于将两个电路连接在一起。

309 liquid /ˈlɪkwɪd/ *n.* 液体

adj. 液态的

14频

- 用 liquid nitrogen 液态氮
- 例 The compressed gas is cooled and condenses into a **liquid**. 压缩气体被冷却并冷凝成液体。

310 litre /ˈliːtə(r)/ *n.* 升

5频

- 用 a litre bottle of wine 一升容量的瓶装酒
- 例 Note that the **litre** and millilitre are not official SI units of volume. 注意，升和毫升不是正式的国际标准单位的体积单位。

311 loaded /ˈləʊdɪd/ *adj.* 装载的；意味深长的

16频

- 用 a fully loaded truck 满载货物的卡车
- 例 The mass of the aircraft is 560,000 kg when **loaded**. 装载时，飞机的质量为 56 万千克。

312 lorry /ˈlɒri/ *n.* 卡车；货运汽车

10频

- 用 a lorry driver 卡车司机
- 例 Sketch a velocity-time graph to represent the motion of this **lorry**. 绘制速度–时间图以表示该货车的运动。

313 loudness /ˈlaʊdnəs/ *n.* 响度；吵闹

9频

- 用 adjust the loudness of the signal generator 调整信号发生器的响度
- 例 What happens to the **loudness** of a sound if its amplitude decreases? 如果声音的振幅降低，声音的响度会怎么样？

314 **loudspeaker** /ˌlaʊdˈspiːkə(r)/ *n.* 扬声器；喇叭

74 频

🔤 loudspeaker magnets 扬声器磁铁

📝 Electromagnets are also used in electric doorbells, **loudspeakers**, electric motors, relays and transformers. 电磁体还用于电动门铃、扬声器、电动机、继电器和变压器。

M

---

315 **magnetise** /ˈmægnətaɪz/ *vt.* 使有磁性，使磁化

1 频

- 反 demagnetise *vt.* 使消磁
- 用 easy to magnetise 容易磁化
- 例 State two methods by which a piece of unmagnetised steel can be **magnetised**. 陈述两种可以使一块未磁化的钢磁化的方法。

---

316 **magnitude** /ˈmægnɪtjuːd/ *n.* 量级；巨大，重大

234 频

- 用 be of equal magnitude 等量
- 例 The **magnitude** of the induced EMF is proportional to the rate of change of magnetic flux linkage. 感应电动势的大小与磁链的变化率成正比。

---

317 **maintain** /meɪnˈteɪn/ *vt.* 维持；保养；坚持（意见）

9 频

- 同 preserve
- 用 maintain a balance 保持平衡
- 例 Calculate the force *P* that is needed at the far end of the bar in order to **maintain** equilibrium. 计算为了保持平衡在钢筋远端所需的力 *P*。

---

318 **majority** /məˈdʒɒrəti/ *n.* 大多数；多数票

3 频

- 用 a majority decision 根据大多数人的意见做的决定
- 例 Until fibre optic cable was available, microwave links carried the **majority** of long-distance telephone conversations. 光纤电缆被发明出来之前，微波链路一直承载着大部分的长途电话通话。

319 **manipulate** /mə'nɪpjuleɪt/ v. （在计算机上）修改（或编辑、移动文档或数据）；（尤指熟练地）操作，使用（工具、机械装置等）；操纵，控制（人或局势）

15频

🔄 handle, control

📝 Computerised axial tomography relies on a computer to control the scanning motion and to gather and **manipulate** the data to produce images. 电子计算机断层扫描技术依赖计算机来控制扫描仪的运动以及收集和操控数据来成像。

320 **manner** /'mænə(r)/ n. 方式；举止；礼貌

1频

🔗 in a manner of speaking 从某种意义上说

📝 The electrons removed from the metal plate in this **manner** are often known as photoelectrons. 以这种方式从金属板上移除的电子通常被称为光电子。

321 **manufacturer** /ˌmænju'fæktʃərə(r)/ n. 生产者，制造者

1频

🔗 a computer manufacturer 计算机制造商

📝 A **manufacturer** negligently made and marketed a car with defective brakes. 一家制造商疏忽地制造和销售了有刹车故障的汽车。

322 **marble** /'mɑːbl/ n. 大理石

10频

🔗 a block of marble 一块大理石板

📝 Try picturing a glass **marble** about 1 cm in diameter, placed at the centre of a football pitch, to represent the nucleus of an atom. 尝试想象一个直径约1厘米的玻璃大理石，该大理石位于足球场的中心，以表示原子核。

323 **marker** /ˈmɑːkə(r)/ *n.* 标记，记号；记号笔

20 频

- 回 label
- 田 a boundary marker 界标
- 例 Step off twenty feet and then place a **marker** in the ground. 走出 20 英尺，再在地上做个标记。

324 **material** /məˈtɪəriəl/ *n.* 材料；素材

459 频

- 田 an elastic material 一种弹性材料
- 例 Density is a constant for a given **material** under specific conditions. 密度是一种特定材料在特定条件下的一个常数。

325 **means** /miːnz/ *n.* 方式，方法；财富

19 频

- 回 manner
- 田 by no means 绝不，一点也不
- 例 By this **means**, Einstein could explain the threshold frequency. 通过这种方式，爱因斯坦可以解释阈值频率。

326 **mechanical** /məˈkænɪkl/ *adj.* 机械的，机动的；机器的

7 频

- 田 mechanical parts 机械部件
- 例 The breakdown was due to a **mechanical** failure. 抛锚是机械故障造成的。

327 **melt** /melt/ *v.* （使）熔化；融化

15 频

- 田 melt sth. down 将（金属或蜡等）熔化
- 例 When a solid **melts**, only one or two bonds per molecule must be broken, so less energy is needed. 当固体熔化时，每个分子仅需断开一个或两个键，因此所需的能量更少。

328 **metallic** /məˈtælɪk/ *adj.* 金属制的；金属般的

7 频

- 田 a metallic object 金属物品
- 例 Describe the I–V characteristic of a **metallic** conductor at constant temperature. 描述恒定温度下金属导体的电流电压特性。

329 **micrometre** /ˈmaɪkrəʊmiːtə(r)/ *n.* 微米

- 用 less than a micrometer 小于一微米
- 例 For example 1 millimetre (mm) is one thousandth of a metre and 1 **micrometre** (μm) is one millionth of a metre. 例如，1 毫米是 1 米的千分之一，1 微米是 1 米的百万分之一。

330 **midway** /ˌmɪdˈweɪ/ *adv.* 在中途，在两地之间

- 同 halfway
- 用 to be midway between A and B 在 A 与 B 之间的中点；在 A 与 B 中间
- 例 What is the electric field strength E at a point **midway** between the plates? 两板的中间点的电场强度 E 是多少?

331 **minimise** /ˈmɪnɪmaɪz/ *vt.* 使减少到最低限度；贬低

- 反 maximise *vt.* 使增加到最高限度
- 用 minimise all windows 所有窗口最小化
- 例 To **minimise** computer requirements, system frequency response is often compromised. 为了减少计算机的工作量，通常会降低系统频率响应。

332 **minimum** /ˈmɪnɪməm/ *adj.* 最小的；最低的；最低的限度

- 反 maximum *adj.* 最高的
- 用 minimum charge 最低收费
- 例 Calculate the **minimum** current needed to lift the wire from the bench. 计算从台架上提起电线所需的最小电流。

333 **minority** /maɪˈnɒrəti/ *n.* 少数；少数民族

- 用 minority languages 少数民族语言
- 例 One of the results of the α-particle scattering experiment is that a very small **minority** of the α-particles are scattered through angles greater than 90°. α 粒子散射实验的结果之一是，极少数的 α 粒子以大于 90° 的角度散射。

334 **minute** /maɪˈnjuːt/ *adj.* 微小的；详细的，细致的

9频

- 用 a minute quantity of sth. 微量的某物质
- 例 The chances of his success were **minute**. 他成功的概率很渺茫。

335 **mistakenly** /mɪˈsteɪkənli/ *adv.* 错误地

1频

- 同 erroneously
- 用 mistakenly hurt 误伤
- 例 During repairs, an electrician **mistakenly** reverses the connections X_1 and Z_1, so that Z_1 is connected to the supply and X_1 to the other switch at Z_2, as shown in the diagram. 如图所示，维修期间，一位电工错误地将 X_1 和 Z_1 颠倒连接，因此 Z_1 连接到电源，X_1 连接到 Z_2 处的另一个开关。

336 **mixture** /ˈmɪkstʃə(r)/ *n.* 混合物；混合

8频

- 同 combination
- 用 cake mixture 蛋糕混合粉
- 例 A **mixture** of substances may even melt or boil over a range of temperatures. 一些物质混合物甚至可能在一定温度范围内熔化或沸腾。

337 **modify** /ˈmɒdɪfaɪ/ *vt.* 调整；使更适合；使缓和

3频

- 同 adjust, adapt
- 用 modify views 使观点更容易接受
- 例 This patient is undergoing laser eye surgery, which improves the focusing of the eye by **modifying** the shape of the surface of the eyeball. 该患者正在接受激光眼科手术，通过调整眼球表面的形状来改善眼睛的聚焦。

338 **moisture** /ˈmɔɪstʃə(r)/ *n.* 湿气，潮气；水分

6频

- 用 the moisture content of the atmosphere 空气湿度
- 例 The drug has lost its potency by being exposed to **moisture**. 该药品因环境湿度过高而失去效力。

339 **mole** /məʊl/ *n.* 摩尔；鼹鼠；内奸

1 频

- 用 one mole of... 一摩尔的……
- 例 One **mole** of uranium-238, which has 6.02×10^{23} nuclei, has the potential to emit total energy equal to about 1,011 J. 一摩尔的铀 238 具有 $6.02 \times 1,023$ 的原子核，有可能发出相当于 1,011 焦耳总能量。

340 **molecular** /mə'lekjələ(r)/ *adj.* 分子的；由分子组成的

5 频

- 用 molecular structure 分子结构
- 例 For the pressure to become zero, **molecular** bombardment must cease. 为了使压力变为零，分子的碰撞必须停止。

341 **momentum** /mə'mentəm/ *n.* 动量

1 频

- 复 momenta
- 用 the momenta of the moving balls 移动球的动量
- 例 These vectors represent the **momenta** of the colliding balls shown in the figure. 如图所示，这些矢量显示碰撞球的动量。

342 **momentarily** /'məʊməntrəli/ *adv.* 短促地；片刻地；立即

7 频

- 同 temporarily, immediately, instantly
- 用 forget momentarily 短暂地忘记
- 例 While the rod is close to the sphere, touch the sphere **momentarily** with your finger tip. 当杆靠近球体时，用你的指尖短暂触摸球体。

343 **monitor** /'mɒnɪtə(r)/ *vt.* 监视；监测 *n.* 显示屏；监视器

1 频

- 用 a heart monitor 心脏监测器
- 例 A voltmeter is used to **monitor** the operation of an electric motor. 电压表用于监测电动机的运行。

344 **monochromatic** /ˌmɒnəkrəʊ'mætɪk /

adj. 黑白的；单色的

50频

- ⊕ a monochromatic colour scheme 单色配色方案
- ⊘ This obviously is the limiting case of the idealised **monochromatic** wave. 这显然是理想化单色波的极限情况。

345 **motorcycle** /'məʊtəsaɪkl/ *n.* 摩托车

4频

- ⊕ motorcycle racing 摩托车赛
- ⊘ The graph shows how the momentum of a **motorcycle** changes with time. 该图显示了摩托车的动量如何随时间变化。

346 **mounted** /'maʊntɪd/ *adj.* 安装好的；骑马的

7频

- ⊕ mounted policemen 骑警
- ⊘ Ball A is **mounted** on an insulating stand and ball B is suspended from a thin nylon thread. 球 A 安装在绝缘支架上，球 B 从细尼龙线上悬垂下来。

347 **multiple** /'mʌltɪpl/ *n.* 倍数

adj. 多种多样的；多次的

4频

- ⊕ a multiple entry visa 多次入境签证
- ⊘ Each unit in the SI units can have **multiples** and submultiples to avoid using very high or low numbers. 国际标准单位中的每个单位都可以有倍数和约数，以避免使用很大的或很小的数字。

348 **narrow** /ˈnærəʊ/ *adj.* 狭窄的；勉强的；狭隘的
         v. （使）变窄

17 频

□ 🌐 a narrow victory 险胜
□ 🏷 The diameter of the wide portion is double the diameter of the
□ **narrow** portion. 宽部分的直径是窄部分的两倍。

349 **natural** /ˈnætʃrəl/ *adj.* 自然的；正常的；天生的
         n. 有天赋的人

5 频

□ 🌐 natural disasters 自然灾害
□ 🏷 The main division is between **natural** background radiation
□ and radiation from artificial sources. 主要的划分存在于是在自
  然背景辐射和人工来源的辐射之间。

350 **needle** /ˈniːdl/ *n.* 针；指针

7 频

□ 🌐 a needle in a haystack 几乎不可能找到的东西
□ 🏷 Similarly the magnet in an ammeter might, over the years,
□ become weaker and the **needle** may not move quite as far
  round the scale as might be expected. 同样,随着时间的流逝,
  电流表中的磁铁磁性可能会变弱,且指针的移动可能不会像预
  期那样远。

351 **negatively** /ˈneɡətɪvli/ *adv.* 消极地

11 频

□ 🌐 respond negatively 做出否定的回应
□ 🏷 Electrons are **negatively** charged with electricity, protons are
□ positively charged. 电子是带负电荷的,质子是带正电荷的。

352 neglected /nɪˈglektɪd/ adj. 被忽略的，被忽视的

3频

- 同 ignore (v.)
- 用 neglected children 无人照看的孩子
- 例 The effects of air resistance can be **neglected**. 空气阻力的影响可以忽略不计。

353 negligible /ˈneglɪdʒəbl/ adj. 微不足道的；不重要的

203频

- 用 a negligible amount 很小的量
- 例 A 15 V battery with **negligible** internal resistance is connected to two resistors P and Q. 一个内部电阻可以忽略不计的 15 伏特电池连接电阻 P 和电阻 Q。

354 net /net/ adj. 净的；最终的
　　　　　　　 n. 网

310频

- 用 a net force 一个合力
- 例 These velocities combine to give a resultant or **net** velocity, which will be diagonally downstream. 这些速度相结合产生了一个合成速度或净速度，该速度是沿着对角线向下运动的。

355 neutral /ˈnjuːtrəl/ adj. 中性的；中立的，无倾向性的
　　　　　　　　　 n. 空挡位

2频

- 同 impartial (adj.), unbiased (adj.)
- 用 neutral zone 中区
- 例 Objects are usually electrically **neutral** (uncharged), but they may become electrically charged, for example when one material is rubbed against another. 物体通常是电中性的（不带电），但它们也可能会带电，比如当一种材料与另一种材料摩擦的时候。

356 notation /nəʊˈteɪʃn/ n. 符号，记号

3频

- 用 binary notation 二进制记数法
- 例 Copy the diagram below, replacing the boxes with appropriate numbers, to represent this atom of lithium in nuclide **notation**. 复制下图，将方框替换为适当的数字，以核符号表示该锂原子。

357 nozzle /ˈnɒzl/ n. 喷嘴；管口

11 频

- 🔠 put sth. over the nozzle 把某物放在管口上
- 🔵 The truncated **nozzle** is found to have higher thrust. 截断的喷嘴被发现具有更高的推力。

358 null /nʌl/ adj. 零值的，等于零的

1 频

- 🔠 a null result 毫无结果
- 🔵 A galvanometer connects Q and Y as a **null** indicator. 检流计将 Q 和 Y 连接为空指示器。

359 numerically /njuːˈmerɪkli/ adv. 用数字表示地；从数字上看

7 频

- 🔠 express the results numerically 按数字顺序排列结果
- 🔵 The equation must be solved **numerically** or graphically. 该方程式必须以数字或图形方式求解。

O

360 **obey** /əˈbeɪ/ *v.* 遵守；服从

15 频

⊞ obey a command 服从指挥

⑩ Spring constant is the ratio of force to extension for a spring which **obeys** Hooke's Law. 弹簧常数是力与弹簧伸长度之比，遵守胡克定律。

361 **object** /ˈɒbdʒɪkt/ *n.* 物体；目的
v. 不赞成

12 频

⊞ everyday objects 日用品

⑩ Mechanical waves are produced by vibrating **objects**. 机械波是通过振动物体产生的。

362 **observation** /ˌɒbzəˈveɪʃn/ *n.* 观察；监视

6 频

🔘 monitor (*v.*)

⊞ an observation post 瞭望哨

⑩ State and explain two conclusions about the properties of molecules of a gas that follow from the **observations** in (b). 根据（b）中的观察，述并解释关于气体分子性质的两个结论。

363 **observe** /əbˈzɜːv/ *vt.* 观察到；监视；遵守

5 频

🔘 obey, inspect

⊞ observe sb. do sth. 注意到某人做某事

⑩ The Doppler effect is the change in an **observed** wave frequency when a source moves with speed *v*. 多普勒效应是当声源以速度 *v* 移动时观察到的波频率的变化。

364 **observer** /əbˈzɜːvə(r)/ *n.* 观察者；目击者

64频

- 回 viewer, witness
- 用 keen observer 观察敏锐的人
- 例 Looking in the mirror, the **observer** sees an image of the candle. 观察者从镜子中看到蜡烛的影像。

365 **obstacle** /ˈɒbstəkl/ *n.* 障碍物；阻碍

64频 → 9频

- 回 barrier, disadvantage
- 用 overcome obstacles 克服障碍
- 例 A wave is partially blocked by an **obstacle**. 波浪被障碍物部分阻挡。

366 **operate** /ˈɒpəreɪt/ *v.* （使）运转；经营；动手术

9频

- 回 function
- 用 operate from 从……开始
- 例 Nuclear plants are expensive to build, though cheap to **operate**. 核电站的建造成本很高，但运营成本很低。

367 **oppose** /əˈpəʊz/ *vt.* 与……相反；反对；抵制

2频

- 回 object (v.)
- 反 agree, consent, approve v. 同意，赞成
- 用 oppose (sb) doing sth. 反对做某事
- 例 Lenz's law predicts that the induced currents that flow in the disc will produce a force that **opposes** the motion. 楞次定律预测，在光盘中流动的感应电流将产生与运动相反的力。

368 **oppositely** /ˈɒpəzɪtli/ *adv.* 相反地

6频

- 回 inversely
- 用 oppositely equal ranges 反向等点列
- 例 Two **oppositely**-charged parallel plates are arranged as shown. 图中有两个带相反电荷的平行板。

369 **optical** /ˈɒptɪkl/ *adj.* 光学的；视觉的；光读取的

3频

- 搭 optical aids 助视器
- 例 These **optical** fibres may be used for new sorts of telephone. 这些光纤可用于新型电话。

370 **option** /ˈɒpʃn/ *n.* 选项；选择；选择权

3频

- 搭 have no option 别无选择
- 例 For each of the lists below, choose the **option** that should be used to give the strongest electromagnet. 对于以下每个列表，选择应该用于提供最强电磁体的选项。

371 **orbit** /ˈɔːbɪt/ *n.* 轨道
vt. 沿轨道运行

70频

- 搭 the earth's orbit around the sun 地球环绕太阳的轨道
- 例 A new satellite has been put into **orbit** around the earth. 一颗新的人造卫星被送上了环绕地球的轨道。

372 **orbital** /ˈɔːbɪtl/ *adj.* 轨道的；外环路的
n. 高速环线行路

10频

- 搭 a new orbital road 一条新修的外环道路
- 例 In this process, the nucleus absorbs an **orbital** electron. 在这个过程中，原子核吸收了轨道电子。

373 **origin** /ˈɒrɪdʒɪn/ *n.* 起源；源头；起因

8频

- 搭 children of various ethnic origins 各族裔的儿童
- 例 Use Einstein's mass-energy equation $\Delta E = \Delta mc2$ to explain the **origin** of this energy. 用爱因斯坦的质能方程（物体静止能量的变化 = 物体静止质量的变化 × 真空中光速的平方）来解释这种能量的起源。

374 originate /əˈrɪdʒɪneɪt/ v. 起源；发端于；创立

1 频

◉ derive

◉ originate from... 起源于……

◉ The α-particles in this experiment **originated** from the decay of a radioactive nuclide. 本实验中的 α 粒子起源于放射性核素的衰变。

375 oscilloscope /əˈsɪləskəʊp/ n. 示波器；示波管

62 频

◉ digital oscilloscope 数字示波器

◉ An **oscilloscope** is a test instrument that displays electronic signals (waves and pulses) on a screen. 示波器是一种在屏幕上显示电子信号（波和脉冲）的测试仪器。

376 output /ˈaʊtpʊt/ n. 输出量
vt. 输出

212 频

◉ data output 数据输出

◉ Calculate the power **output** of the heater at this voltage, assuming there is no change in the resistance of the wire. 假设导线的电阻没有变化，请计算在这个电压下该加热器的输出功率。

377 overestimate /ˌəʊvərˈestɪmeɪt/ vt. 高估
n. 过高的评估

1 频

◉ underestimate vt. & n. 过低的评估

◉ cannot be overestimated 无法充分估计

◉ When ice is melted, energy from the surroundings will conduct into the ice, so that the measured value of L will be an **overestimate**. 当冰融化时，来自周围环境的能量传导到冰中，因此 L 的测量值会被高估。

378 **overlap** /ˌəʊvəˈlæp/ v.（使）部分重叠
/ˈəʊvəlæp/ n. 重叠部分

`10 频`

- 用 overlap with... 与……重叠
- 例 Two waves pass through each other when they **overlap**. 两波重叠时会彼此穿过。

379 **overload** /ˌəʊvəˈləʊd/ vt. 使超载
n. 过量

`1 频`

- 用 an overloaded truck 一辆超载的卡车
- 例 Wear eye protection and be careful not to **overload** the wire. 带上护目镜，注意不要使电线过载。

380 **override** /ˌəʊvəˈraɪd/ n. 超控装置；推翻
vt. 推翻；比……更重要

`5 频`

- 近 overrule (vt.)
- 用 manual override 手动超越控制
- 例 An **override** switch closes to turn on the system when exceptional temperature rises occur. 当温度异常升高时，超控开关将闭合以打开系统电源。

P

381 **paperclip** /ˈpeɪpəklɪp/ n. 曲别针

1 频

- 回 clip
- 用 a paperclip icon 曲别针图标
- 例 Test your magnet by trying to pick up iron filings, pins or **paperclips**. 尝试吸起铁屑、大头针或回形针来测试你的磁铁。

382 **parabolic** /ˌpærəˈbɒlɪk/ adj. 抛物线的

3 频

- 用 parabolic curves 抛物曲线
- 例 A ball, thrown in the uniform gravitational field of the earth, follows a **parabolic** path. 抛在地球均匀重力场中的球沿着抛物线运动。

383 **parachute** /ˈpærəʃuːt/ n. 降落伞
v. 跳伞；空投

6 频

- 用 a parachute drop 空投
- 例 Opening the **parachute** greatly increases the area and hence the air resistance. 打开降落伞会大大增加其与空气接触面积，从而增加空气阻力。

384 **paragraph** /ˈpærəɡrɑːf/ n. 段，段落

2 频

- 用 an opening paragraph 开头的段落
- 例 Choose two methods which you think would be suitable, and write a **paragraph** for each to say how you would adapt it for this purpose. 选择你认为合适的两种方法，各写一段话，说明你将如何对此进行调整。

385 **parallax** /'pærəlæks/ *n.* 视差

2频

- ⊞ a parallax error 判读误差
- 例 This technique approximates the **parallax** that can be observed on uneven surfaces. 此技术近似计算了在粗糙表面的可观察视差。

386 **parallel** /'pærəlel/ *adj.* 平行的
　　　　　　　　　　　　　n. 相似特征

540频

- ⊞ in parallel 平行的
- 例 A couple is a pair of equal, **parallel** but opposite forces. 力偶指的是一对相等且平行，但作用方向相反的力。

387 **partial** /'pɑ:ʃl/ *adj.* 部分的；不完全的；偏爱的

4频

- ⊞ be partial to sth. 热爱某事
- 例 Each **partial** reflection of the ultrasound is detected and appears as a spike on the screen. 超声波的每个部分反射都会被检测到，并在屏幕上显示为尖峰。

388 **particular** /pə'tɪkjələ(r)/ *adj.* 特指的；特殊的；
　　　　　　　　　　　　　　　　格外的

93频

- ⊞ in particular 尤其，特别
- 例 In the experiment, you can see that a pure substance changes from solid to liquid at a **particular** temperature, known as the melting point. 在这个实验中，你可以看到纯物质在特定的温度（称为熔点）下，从固体变为液体。

389 **particulate** /pɑːˈtɪkjələt/ *adj.* 微粒（形式）的；颗粒状的

n. 微粒；颗粒

9频

- 用 particulate pollution 颗粒物污染
- 例 **Particulate** matter includes particles from molecular size to greater than 10 mm in diameter. 颗粒物质包括从分子大小的颗粒到直径大于 10 毫米的颗粒。

390 **pattern** /ˈpætn/ *n.* 图案；模式；范例

vt. 构成图案

84频

- 用 an irregular sleeping pattern 不规律的睡眠模式
- 例 A teacher sets up the apparatus to demonstrate a two-slit interference **pattern** on the screen. 老师设置好设备，在屏幕上显示两缝干涉图样。

391 **pavement** /ˈpeɪvmənt/ *n.* 人行道；路面

3频

- 用 a mosaic pavement 马赛克地面
- 例 One of the nuts falls vertically from rest through a distance of 4.8 m to the **pavement** below. 其中一颗坚果从静止状态垂直坠落于 4.8 米下方的人行道上。

392 **peak** /piːk/ *n.* 顶峰

adj. 高峰时期的

7频

- 用 a mountain peak 山峰
- 例 Describe the process by which the three sharp **peaks** of high-intensity X-rays are produced. 描述产生高强度 X 射线的三个顶峰的过程。

393 **pedal** /ˈpedl/ *n.* 踏板
v. 骑自行车

| | | 8 频 |

- ⊕ a brake pedal 刹车踏板
- ⑩ A car driver uses the accelerator **pedal** to control the car's acceleration. 汽车驾驶员使用油门踏板控制汽车的加速度。

394 **pellet** /ˈpelɪt/ *n.* 小球；团粒；小弹丸

| | | 12 频 |

- ⊕ an air gun pellet 气枪弹丸
- ⑩ Elastic energy stored in a stretched piece of rubber is needed to fire a **pellet** from a catapult. 拉伸橡胶片中储存着弹性能，需要该弹性能来发射弹射器的弹丸。

395 **penetration** /ˌpenəˈtreɪʃn/ *n.* 穿透；渗透

| | | 3 频 |

- ⊕ prevent water penetration 防止渗水
- ⑩ **Penetration** in matter depends on the kinetic energy of the electrons, E. 物质的渗透率取决于电子的动能 E。

396 **perform** /pəˈfɔːm/ *v.* 做；履行；演出

| | | 1 频 |

- ⊕ perform the experiment 做实验
- ⑩ The endoscope may also have a small probe or cutting tool built in, so that minor operations can be **performed** without the need for major surgery. 内窥镜还可以内置小型探头或切割工具，因此无须进行大手术。

397 **permanent** /ˈpɜːmənənt/ *adj.* 永久的；长久的

| | | 4 频 |

- ⊕ a permanent job 固定工作
- ⑩ A compass needle is a **permanent** magnet. 指南针是永久的磁铁。

398 **perpendicular** /ˌpɜːpənˈdɪkjələ(r)/ *adj.* 垂直的
n. 垂直线

| | | 38 频 |

- ⓘ upright (*adj.*), vertical (*adj.*)
- ⊕ perpendicular to 与……垂直

例 If we take its direction of movement as the *x*-axis, and the direction **perpendicular** to its movement as the *y*-axis, then compare before and after the collision. 我们将其运动方向作为 *x* 轴，并将垂直于其运动方向的作为 *y* 轴，而后比较碰撞前后的状态。

399 **phenomenon** /fə'nɒmɪnən/ *n.* 现象；杰出的人

6频

用 cultural phenomena 文化现象

例 Another wave **phenomenon** that applies to all waves is that they can be diffracted. 适用于所有波的另一种波现象是它们可能会发生衍射。

400 **photograph** /'fəʊtəɡrɑːf/ *n.* 相片
vt. 拍照

8频

用 aerial photographs 飞机航拍照片

例 α-particle tracks show up in this **photograph** of a cloud chamber. 这张云室照片中显示了 α 粒子轨迹。

401 **pilot** /'paɪlət/ *n.* 飞行员
vt. 驾驶（飞行器）；试点

6频

用 a pilot project 试验性项目

例 In which direction must the **pilot** steer the aircraft in order to fly due north? 飞行员必须将飞机转向哪个方向才能向北飞行？

402 **pipe** /paɪp/ *n.* 管子；管道；烟斗
v. 用管道输送

85频

用 plastic pipes 塑料管子

例 Conventional current is rather like a fluid moving through the wires, just like water moving through **pipes**. 传统的电流就像是流过电线的液体，如同水流过管道一样。

403 **pivot** /ˈpɪvət/ *n.* 枢轴；支点
　　　　　　　　　　　vi. 在枢轴上旋转

64频

☐ ⑪ pivot on/around sth. 围绕某事（物）
☐ ⑩ A **pivot** is the fixed point about which a lever turns. 支点是杠杆
☐ 　绕其旋转的固定点。

404 **pixel** /ˈpɪksl/ *n.* 像素

8频

☐ ⑪ pixel per inch 像素密度
☐ ⑩ Two terms concerning with monitor are **pixel** and resolution.
☐ 　与显示屏有关的两个术语是像素和分辨率。

405 **platform** /ˈplætfɔːm/ *n.* 平台；站台；讲台

19频

☐ ⑪ a launch platform 发射平台
☐ ⑩ Measure the time between jumping from
☐ 　the **platform** and the moment when the
　　elastic rope begins to slow your fall. 测量
　　从平台跳下到松紧的绳索开始缓慢落下之
　　间的时间。

406 **plausible** /ˈplɔːzəbl/ *n.* （观点、论点）似乎有道理的；
　　　　　　　　　　　　　　　　似乎可能的

8频

☐ ⓢ believable, sensible, reasonable
☐ ⑩ The explanation to this question seems **plausible**. 这道题的解
☐ 　释看起来是可行的。

407 **playground** /ˈpleɪɡraʊnd/ *n.* 操场；游戏场

1频

☐ ⓢ field, ground
☐ ⑪ public playground 公共运动场
☐ ⑩ A child sits on a rotating horizontal platform in a **playground**.
　　孩子坐在操场上旋转的水平平台上。

408 pluck /plʌk/ *vt.* 弹拨；摘；拔掉

n. 胆识

- ⊕ pluck the strings of a violin 弹拨小提琴的弦
- ⊘ The strings are **plucked** or bowed to make them vibrate. 拨弦或拉弦以使其振动。

409 plug /plʌg/ *n.* 插头；插座；塞子

vt. 堵塞

- ⊕ a three-pin plug 三相插头
- ⊘ The picture shows the structure of a spark **plug** in an internal combustion engine. 该图显示了内燃机中火花塞的结构。

410 plus /plʌs/ *prep.* 加

adj. 多，余

- ⊕ plus or minus 或多或少，左右
- ⊘ The mass *m* that is accelerating is the mass of the trolley **plus** the mass on the end of the string. 加速的质量 *m* 是手推车的质量加上弦末端的质量。

411 polarity /pəˈlærəti/ *n.* 极性；两极化

- ⊕ the ideological polarity between nations 国家间意识形态的截然对立
- ⊘ **Polarity** is inherent in a magnet. 极性是磁铁的固有性质。

412 pole /pəʊl/ *n.* 磁极；杆子，棍；地极

- ⊕ a tent pole 帐篷支柱
- ⊘ The S **pole** of the magnet should remain in contact with the nail until it reaches the end of the nail. 磁铁的 S 极应保持与指甲接触，直到到达指甲末端。

413 **portion** /'pɔːʃn/ *n.* 部分；一份
 vt. 把……分成若干份

6 频

☐ 用 a generous portion of meat 一大份肉
☐ 例 Draw the reflected **portion** of each of the three waves shown.
☐ 画出三个波中每个波的反射部分。

414 **precaution** /prɪ'kɔːʃn/ *n.* 预防措施；预防

39 频

☐ 用 safety precautions 安全防范措施
☐ 例 People who work with electromagnetic radiation must be
☐ careful and take appropriate **precautions**. 工作常接触电磁辐
射的人员必须小心并采取适当的预防措施。

415 **precise** /prɪ'saɪs/ *adj.* 精确的；细致的，一丝不苟的

19 频

☐ 近 accurate
☐ 用 to be more precise 确切地说
☐ 例 Over the years, electrical circuits have become increasingly
complex, with more and more components combining to
achieve very **precise** results. 多年来，电路变得越来越复杂，
越来越多的组件组合在一起以实现非常精确的结果。

416 **predictable** /prɪ'dɪktəbl/ *adj.* 可预见的；老套乏味的

1 频

☐ 用 a predictable result 可预见的结果
☐ 例 Demand for industrial salt is steady and **predictable**. 工业盐的
☐ 需求是稳定且可预测的。

417 **present** /'preznt/ *adj.* 当前的
 n. 礼物；目前
 vt. 显示

8 频

☐ 用 in the present situation 在当前形势下
☐ 例 At **present**, spacecraft are launched into space using rockets.
☐ 目前，航天器是用火箭发射到太空的。

418 **presume** /prɪˈzjuːm/ *v.* 假设；推定

1 频

- 🔄 assume
- 🔀 presume sb./sth. to be/have sth. 推测某人／物是……
- 📝 Each of Kirchhoff's two laws **presumes** that some quantity is conserved. 基尔霍夫的两个定律中的每一个都假定某个物理量的守恒。

419 **primary** /ˈpraɪməri/ *adj.* 最初的；主要的；基本的；初等教育的

11 频

- 🔄 elementary
- 🔀 primary teachers 小学教师
- 📝 A step-up transformer increases the voltage, so there are more turns on the secondary than on the **primary**. 升压变压器会增加电压，因此次级绕组上的匝数多于初级绕组上的匝数。

420 **principle** /ˈprɪnsəpl/ *n.* 定律；道德原则；规范；信条

48 频

- 🔀 in principle 原则上，理论上
- 📝 Kirchhoff's second law is a consequence of the **principle** of conservation of energy. 基尔霍夫第二定律是能量守恒原理的结果。

421 **prism** /ˈprɪzəm/ *n.* 棱镜；棱柱体

4 频

- 🔀 pass through a prism 穿过棱镜
- 📝 Light is refracted when passed through a **prism**. 光线通过棱镜时会发生折射。

422 **probability** /ˌprɒbəˈbɪləti/ *n.* 概率；可能性；很可能发生的事

7 频

- 🔄 likelihood
- 🔀 the probability of ……的可能性；……的概率
- 📝 Use the symbols N, ΔN, T and ΔT to give expressions for: the **probability** of decay of a nucleus in the time ΔT. 使用符号 N、ΔN、T 和 ΔT 给出以下表达式：在时间 ΔT 中原子核衰减的概率。

423 **probe** /prəʊb/ *n.* 探测仪；探究
       v. 盘问；探究

50 频

- ⊜ investigate (*v.*)
- ⊕ space probe 空间探测器
- ⊘ The Pioneer **probes** have on board ultraviolet instruments which are measuring light that we can't measure on the earth. 先驱者探测仪具有车载紫外线仪器，可以测量我们在地球上无法测量的光。

424 **procedure** /prəˈsiːdʒə(r)/ *n.* 步骤；程序

132 频

- ⊕ emergency procedures 紧急状况处理程序
- ⊘ If you carry out experiments using a laser, you should follow correct safety **procedures**. 如果你使用激光进行实验，应遵循正确的安全程序。

425 **process** /ˈprəʊses/ *n.* 过程，流程
       vt. 加工，处理

46 频

- ⊜ procedure (*n.*)
- ⊕ a consultation process 磋商过程
- ⊘ Now cover the bottom of the tube with the palm of your hand and repeat the **process**. 现在用手掌覆盖试管底部，然后重复该过程。

426 **production** /prəˈdʌkʃn/ *n.* 生产，制作；产量

7 频

- ⊕ a production process 生产流程
- ⊘ Hydrogen is used extensively in industry for the **production** of ammonia. 氢气在工业上广泛用于生产氨。

427 **project** /prəˈdʒekt/ *vt.* 伸出；投射
      n. 项目，方案

11 频

- ⊕ a building project 建筑工程
- ⊘ Most tall buildings have a sharply pointed metal rod **projecting** from their roofs, with a continuous metal rod running down

the side of the building and into the ground. 大多数高层建筑的
屋顶都突出一根尖锐的金属棒，还有一根与该棒相连接的金属
棒从建筑物的侧面向下延伸到地面。

428 **projectile** /prə'dʒektaɪl/ *n.* 枪弹；炮弹；投射物

17频

- 用 the plans of the projectile 炮弹图样
- 例 The path followed by a **projectile** is called its trajectory. 弹丸
  所遵循的路径称为其轨迹。

429 **prolonged** /prə'lɒŋd/ *adj.* 持久的；长期的

1频

- 用 a prolonged illness 久病不愈
- 例 Following **prolonged** use, the pointer does not return fully to
  zero when the current is turned off and the meter has become
  less sensitive at higher currents than it is at lower currents.
  长时间使用后，当电流关闭时，指针不会完全归零，且电表在
  高电流下比在低电流下更不敏感。

430 **propagation** /ˌprɒpə'geɪʃn/ *n.* 传播；繁殖

5频

- 用 rose propagation 玫瑰繁殖
- 例 Particles vibrate parallel to direction of **propagation**. 粒子平行
  于传播方向振动。

431 **propel** /prə'pel/ *vt.* 推动；驱动；驱使

2频

- 扩 propeller *n.* 螺旋桨；推进器
- 用 propel sb. into sth. 促使某人从事某事
- 例 It takes an enormous force to lift the giant space shuttle off its
  launch pad, and to **propel** it into space. 需要巨大的力量才能将
  巨型航天飞机从其发射台上提起，并将其推进太空。

432 **property** /'prɒpəti/ *n.* 性质；财产；不动产

14频

- 用 a property developer 房地产开发商
- 例 A radio signal has both electrical and
  magnetic **properties**. 无线电信号具有电、
  磁双属性。

433 **proportion** /prə'pɔːʃn/ *n.* 比例；部分；份额

9频

- ⓢ ratio
- ⓟ out of proportion 不成比例
- ⓔ The greater the **proportion** of argon, the older the rock must be. 氩气比例越高，岩石年代越久远。

434 **proportional** /prə'pɔːʃənl/ *adj.* 成比例的

51频

- ⓟ be directly proportional to sth. 与某事成正比
- ⓔ Because the current increases more and more slowly as the voltage is increased, current is not **proportional** to voltage. 因为电流随着电压的增加而越来越慢，所以电流与电压不成比例。

435 **propulsion** /prə'pʌlʃn/ *n.* 推进；推动力

1频

- ⓟ wind propulsion 风力推进
- ⓔ Ensure the correct functioning of all **propulsion** system instrumentation. 确保所有推进系统仪器正常工作。

436 **protractor** /prə'træktə(r)/ *n.* 量角器；分度规

22频

- ⓟ digital protractor 数字量角器
- ⓔ Use a **protractor** to measure the angle of the force. 使用量角器测量力的角度。

437 **puck** /pʌk/ *n.* 冰球

7频

- ⓟ an ice-hockey puck 冰球
- ⓔ An ice-hockey **puck** slides along a horizontal, frictionless ice-rink surface. 冰球在水平的、无摩擦的溜冰场上滑动。

438 **pulley** /'pʊli/ *n.* 滑轮；滑轮组

65频

- ⓟ a system of ropes and pulleys 绳索滑轮系统
- ⓔ The other end hangs over a **pulley** and weights maintain the tension in the string. 另一端悬在滑轮上，并且配重保持琴弦中的张力。

439 **pulse** /pʌls/ *n.* 脉冲；脉搏
              vi. 跳动

34 频

☐ 用 a strong pulse 强脉冲
☐ 例 The sound reaches one microphone, and a **pulse** of electric
☐   current travels to the timer. 声音到达一个麦克风，并且电流脉
      冲传播到计时器。

440 **pump** /pʌmp/ *v.* 用泵输送；大量注入；涌出
                 n. 抽水泵

20 频

☐ 用 pump sth. into sb. 强行向某人灌输某事
☐ 例 Air in the apparatus was **pumped** out to leave a vacuum. 抽出
☐   设备中的空气以保持真空。

441 **pure** /pjʊə(r)/ *adj.* 纯的；干净的；完全的

4 频

☐ 用 a bottle of pure water 一瓶纯净水
☐ 例 A signal generator can produce **pure** notes that have a very
☐   simple shape when displayed on an oscilloscope screen. 当在
      示波器屏幕上显示时，信号发生器可以产生形状非常简单的纯
      音符。

442 **purpose** /ˈpɜːpəs/ *n.* 意图，目的；意志

6 频

☐ 同 object
☐ 用 on purpose 故意地，有意地
☐ 例 Artificial satellites are used for making observations of the
      Earth's surface for commercial, environmental, meteorological
      or military **purposes**. 人造卫星用于对地球表面进行商业、环境、
      气象或军事观测。

Q

---

443 **qualitatively** /ˈkwɒlɪtətɪvli/ *adv.* 定性地；性质上地；质量上地

16频

☐ **用** qualitatively different 性质上不同的

☐ **例** **Qualitatively**, you should find that increasing the anode-cathode voltage makes the pattern of diffraction rings shrink. 定性地，你应该发现增加阳极-阴极电压会使衍射环的图案缩小。

---

444 **quantitatively** /ˈkwɒntɪtətɪvli/ *adv.* 数量上地

8频

☐ **用** quantitatively analyse 定量分析

☐ **例** Organic nitrogen is a **quantitatively** important component in the atmospheric deposition. 从数量上来说，有机氮是大气沉积中的重要组成部分。

---

445 **quantity** /ˈkwɒntəti/ *n.* 量；数量；大量

110频

☐ **用** enormous quantities of food 大量的食物

☐ **例** The **quantity** that describes how much light is slowed down is the refractive index. 折射率是描述多少光被减慢的量。

---

446 **quarter** /ˈkwɔːtə(r)/ *n.* 四分之一；一刻钟 *vt.* 分为四份

5频

☐ **用** a quarter of a mile 四分之一英里

☐ **例** After a further 10 minutes, half the remaining number will decay, leaving one-**quarter** of the original number. 再过十分钟后，剩余数量的一半会衰减，剩下原始数量的四分之一。

R

扫一扫
听本节音频

---

447 **radial** /'reɪdɪəl/ *adj.* 径向的；放射状的

2频

- 🈸 the radial pattern 呈放射状的图案
- 📝 The **radial** displacement must be accompanied by a circumferential force. 径向位移必须伴有圆周力。

448 **radiate** /'reɪdɪeɪt/ *v.* 辐射，发散

1频

- 🈺 give off
- 🈸 radiate from sth. 从……辐射
- 📝 Light **radiates** outwards all around the hot object. 光围绕着热的物体向外辐射。

449 **radius** /'reɪdɪəs/ *n.* 半径

3频

- 🈑 radii
- 🈸 radius of action 活动半径；有效破坏半径
- 📝 The **radii** of nuclear particles are often quoted in femtometres (fm), where 1 fm = 10^{-15} m. 核粒子的半径通常以飞米（fm）表示，其中 1 飞米等于 10^{-15} 米。

450 **rail** /reɪl/ *n.* 铁轨，轨道；栏杆

6频

- 🈸 travel by rail 乘火车旅行
- 📝 The copper rod is free to roll along the two horizontal aluminium 'rails'. 铜杆可以自由地沿着两根水平的铝制"导轨"滚动。

451 **raise** /reɪz/ *vt.* 增高；举起；筹募

15频

- 🈸 raise one's hand 举手
- 📝 Place the ball on the track at A and then adjust the clamp to **raise** that end of the track. 将球放在 A 处的轨道上，然后调整夹具使得轨道的那端升高。

452 **ramp** /ræmp/ *n.* 坡道，斜坡

28频

- 用 a freeway exit ramp 高速公路的出口坡道
- 例 The girl on the skate **ramp** skates down one side of the slope and up the opposite side. 滑冰坡道上的女孩从斜坡的一侧向下滑行，滑到另一端。

453 **randomly** /'rændəmli/ *adv.* 随意地

6频

- 用 randomly select 随机选取
- 例 Atoms decay **randomly** over time. 原子随时间随机衰变。

454 **rapidly** /'ræpɪdli/ *adv.* 迅速地

1频

- 用 a rapidly growing economy 迅速增长的经济
- 例 The beams were moved about using magnetic and electric fields, and the result was a **rapidly** changing image on the screen. 光束在磁场和电场作用下移动，结果屏幕上的图像快速变化。

455 **rate** /reɪt/ *n.* 比率；速度
vt. 估价；认为

174频

- 用 at the same average rate 以相同的平均速度
- 例 The count **rate** decreases with time as the number of radioactive nuclei that are left decreases. 随着放射性原子核数量的减少，计数率会随时间而降低。

456 **rated** /reɪtɪd/ *adj.* 额定的；定价的

12频

- 用 rated voltage 额定电压
- 例 Fuse needs to be **rated** above, but close to, full normal current draw, so a fuse of 45 to 50 A would be appropriate. 保险丝的额定值必须高于，但接近正常的全部电流消耗，因此 45 至 50 安的保险丝是合适的。

457 **ratio** /'reɪʃiəʊ/ n. 比率，比例

247 频

- 圓 rate, proportion
- 匣 calculate the ratio 计算该比率
- 例 The **ratio** of the numbers of turns tells us the factor by which the voltage will be changed. 匝数比告诉我们引起电压变化的因数。

458 **ray** /reɪ/ n. 光线；射线

176 频

- 匣 ultraviolet rays 紫外线
- 例 A spectrum is formed by a **ray** of light passing through a prism. 一束光通过棱镜就会形成光谱。

459 **reactor** /rɪ'æktə(r)/ n. 核反应堆

5 频

- 匣 the core of a nuclear reactor 核反应堆的核心
- 例 Emergency cooling systems would fail and a **reactor** meltdown could occur. 紧急冷却系统将发生故障，且核反应堆可能发生熔毁。

460 **reasonable** /'riːznəbl/ adj. 合理的；不太贵的

265 频

- 匣 a perfectly reasonable decision 一个完全合理的决定
- 例 It seems **reasonable** to expect rapid urban growth. 期待城市快速发展是合情合理的。

461 **rebound** /rɪ'baʊnd/ v. 弹回，反弹
/'riːbaʊnd/ n. 反弹球

12 频

- 匣 rebound from 从……反弹
- 例 Assume that the molecules stick to the plate rather than **rebound**. 假设分子粘在板上而不是反弹。

462 **recede** /rɪ'siːd/ v. 逐渐远离，渐渐远去；逐渐减弱

1 频

- ⊕ a receding figure 身影渐渐远去
- ⑩ A distant star is **receding** from the Earth with a speed of 1.40 × 10^7 m s^{-1}. 一颗遥远的恒星以 1.40 × 10^7 米每秒的速度从地球逐渐离开。

463 **reciprocal** /rɪ'sɪprəkl/ adj. 倒数的；互惠的

1 频

- ⊕ reciprocal agreements 互惠协议
- ⑩ We use the **reciprocal** formula to calculate their combined resistance. 我们使用倒数公式来计算它们的组合电阻。

464 **recoil** /rɪ'kɔɪl/ v. 产生后坐力；退缩
　　　　　　　　 n. 后坐力

4 频

- 圙 flinch (v.)
- ⊕ recoil in horror 吓得往后缩
- ⑩ Determine the **recoil** speed of the cobalt-60 nucleus when the γ-ray photon is emitted. 计算发射 γ 射线光子时钴 60 原子核的后坐速度。

465 **record** /'rekɔːd/ n. 记录
　　　　　　 /rɪ'kɔːd/ vt. 录制；记录

701 频

- ⊕ record the time 记录时间
- ⑩ The pattern of dots on the tape acts as a **record** of the trolley's movement. 线带上的点状图案可以作为手推车的运动记录。

466 **rectangular** /rek'tæŋgjələ(r)/ adj. 矩形的

13 频

- ⊕ a rectangular table 长方形桌子
- ⑩ The diagram shows a **rectangular** block of mass 8.2 kg immersed in sea water of density 1.10 × 10^3 g/cm^3. 该图显示一块质量为 8.2 千克的矩形块浸入密度为 1.10 × 10^3 克每立方厘米的海水中。

467 **rectify** /ˈrektɪfaɪ/ *vt.* 整流；纠正，改正

3频

- ⓢ amend (v.)
- ⓟ rectify a fault 改正缺点
- ⓔ A bridge rectifier circuit is used to **rectify** an alternating current through a resistor *R*. 桥式整流器电路用于整流通过电阻器 *R* 的交流电。

468 **rectifier** /ˈrektɪfaɪə/ *n.* 整流器

15频

- ⓟ a bridge rectifier 桥式整流器
- ⓔ Diodes are used as **rectifiers**. 二极管用作整流器。

469 **reduce** /rɪˈdjuːs/ *v.* 降低；减少；（使）蒸发

20频

- ⓢ buffer, lower, decrease, diminish
- ⓟ reduce speed 减速
- ⓔ γ-radiation is never completely absorbed but a few centimetres of lead, or several metres of concrete, greatly **reduces** the intensity. γ 辐射永远不会被完全吸收，但几厘米的铅或几米的混凝土会大大降低它的强度。

470 **reducing** /rɪˈdjuːsɪŋ/ *v.* 降低；减少

9频

- ⓢ decreasing
- ⓟ reducing valve 减压阀
- ⓔ A vacuum flask is cleverly designed to keep hot things hot by **reducing** heat losses. 真空瓶的设计巧妙，可通过减少热量损失来维持高温。

471 **reduction** /rɪˈdʌkʃn/ *n.* 减少；减价；还原（反应）

6频

- ⓟ a slight reduction in costs 成本的略微降低
- ⓔ Noise **reduction** headphones actively produce their own sound waves in order to cancel out external sound waves. 降噪耳机会主动产生自己的声波，以抵消外部声波。

472 refer /rɪˈfɜː(r)/ v. 谈及；推荐；查阅

1频

- ⊞ refer to sb./sth. 提到或谈及某人 / 某事
- 例 The point not on the line is often **referred** to as an anomalous point. 不在线上的点通常称为异常点。

473 reflection /rɪˈflekʃn/ n. 反射；反映；深思

12频

- ⊞ the laws of the reflection of light 光的反射定律
- 例 Through multiple **reflections** by the ionosphere and the ground, sky waves can travel for large distances around the earth. 通过电离层和地面的多次反射，天波可以在地球传播很远的距离。

474 regeneration /rɪˌdʒenəˈreɪʃn/ n. 再生；复兴

2频

- ⊞ economic regeneration 经济复兴
- 例 Compared to a metal cable, a fibre optic cable has less signal attenuation, so repeater and **regeneration** amplifiers can be further apart. 与金属电缆相比，光纤电缆的信号衰减率较小，因此中继器和再生放大器可以相隔更远。

475 region /ˈriːdʒən/ n. 地区，区域；行政区

11频

- ⊞ in the region of 大约，差不多
- 例 An electric field is a **region** of space in which an electric charge will feel a force. 电场是空间中的电荷会感受到力的区域。

476 reinforce /ˌriːɪnˈfɔːs/ vt. 加强；加固

2频

- ⊞ reinforced steel 增强钢材
- 例 Constructive **interference** occurs when two waves reinforce to give increased amplitude. 当两个波增强以增加振幅时，就会发生相长干涉。

477 **relationship** /rɪˈleɪʃnʃɪp/ *n.* 关系，联系；血缘关系

4频

- 🔄 link
- 🔗 a father-son relationship 父子关系
- 📝 Building on Galileo's earlier thinking, Newton explained the **relationship** between force, mass and acceleration. 牛顿以伽利略的早期思想为基础，解释了力、质量和加速度之间的关系。

478 **relative** /ˈrelətɪv/ *adj.* 相对的；关于……的
n. 亲戚

34频

- 🔗 relative value 相对值
- 📝 Describe the **relative** speeds of sound in solids, liquids and gases. 描述固体、液体和气体中声音的相对速度。

479 **remain** /rɪˈmeɪn/ *v.* 保持不变；遗留

22频

- 🔗 remain silent 依旧沉默
- 📝 The momentum of the body **remains** unchanged. 身体动量保持不变。

480 **remainder** /rɪˈmeɪndə(r)/ *n.* 剩余的部分；差数，
余数

3频

- 🔄 the rest 剩余物
- 🔗 remainder function 余项函数
- 📝 LED arrays require little maintenance, because, if one LED fails, the **remainder** still emit light. LED 阵列几乎不需要维护，因为如果一个 LED 发生故障，其余的仍会发光。

481 **replace** /rɪˈpleɪs/ *vt.* 取代；更换

10频

- 🔄 take over from 代替，取代
- 🔗 replace A with B 用 B 替换 A
- 📝 A copper wire is to be **replaced** by an aluminium alloy wire of the same length and resistance. 用相同长度和电阻的铝合金线代替铜线。

482 **representation** /ˌreprɪzen'teɪʃn/ n. 表现；描述；代表

- 圓 description, portrayal
- 圃 vector representation 矢量表示
- 例 The answer to the question was given by a graphical **representation** at last. 该问题的答案最终以图表形式呈现。

2频

483 **repulsive** /rɪ'pʌlsɪv/ adj. 斥力的；令人厌恶的

- 圃 repulsive force 斥力
- 例 The **repulsive** force within the nucleus is enormous. 核子内部的斥力是巨大的。

1频

484 **require** /rɪ'kwaɪə(r)/ vt. 需要；依赖

- 圓 need (v.), want (v.), necessitate
- 圃 require sb. to do sth. 依赖某人做某事
- 例 Heat **requires** another base unit, the kelvin (the unit of temperature). 热量需要另一个基本单位——开尔文（温度单位）。

6频

485 **reservoir** /'rezəvwɑː(r)/ n. 水库；蓄水池；储藏

- 圃 oil reservoir 石油储藏
- 例 A new **reservoir** floods land that might otherwise have been used for hunting or farming. 一个新的水库淹没了原本可以用于狩猎或耕种的土地。

15频

486 **resolution** /ˌrezə'luːʃn/ n. 分辨率；决心；决议

- 圃 high resolution 高分辨率
- 例 The detector must consist of a regular array of tiny detecting elements—the smaller each individual detector is, the better will be the **resolution** in the final image. 检测器必须由规则的微小检测元件阵列组成——每个检测器越小，最终图像的分辨率越好。

3频

487 **resolve** /rɪ'zɒlv/ v. （使）分解为；解决；决定
n. 坚定的信念

1频

🔵 resolve into 把……分解为某物

🟠 **Resolve** forces or use your vector triangle to calculate the tension T in the rope. 分解力或使用矢量三角形计算绳索中的张力 T。

488 **respectively** /rɪ'spektɪvli/ adv. 各自

33频

🟢 separately, independently

🔵 increased respectively 分别增加

🟠 Sometimes, the north and south poles of a magnet are called the 'north-seeking' and 'south-seeking' poles, **respectively**. 有时，磁铁的北极和南极分别称为"寻北极"和"寻南极"。

489 **responsible** /rɪ'spɒnsəbl/ adj. 有责任的；可靠的

4频

🔵 be responsible for sth. 对某事负责

🟠 In the 20th century, Abdus Salam managed to unify electromagnetic forces with the weak nuclear force, **responsible** for radioactive decay. 在 20 世纪，萨拉姆设法将电磁力与弱核力统一起来，从而造成放射性衰变。

490 **resultant** /rɪ'zʌltənt/ adj. 合的；因此产生的

126频

🔵 the economic crisis and resultant unemployment 经济危机以及由此产生的失业

🟠 The viscous drags is equal to the **resultant** force. 黏性阻力等于合力。

491 **reverse** /rɪ'vɜːs/ vt. 颠倒；（使）反转
n. 相反的情况
adj. 相反的

5频

🔵 drive a car in reverse 倒车

🟠 At the extreme position, the trolley stops momentarily, **reverses** its direction and accelerates back towards the centre again. 在极限位置，手推车会暂时停止，反转方向并再次加速回到中心位置。

492 **reversible** /rɪˈvɜːsəbl/ *adj.* 可逆的；可翻转的

1 频

- 反 irreversible *adj.* 不可逆的
- 用 a reversible jacket 可两面穿的夹克
- 例 Elastic deformation is **reversible** but plastic deformation is not. 弹性变形是可逆的，但塑性变形则不是。

493 **rigid** /ˈrɪdʒɪd/ *adj.* 坚硬的；僵硬的；固执的

21 频

- 近 inflexible
- 用 rigid with fear 吓得发僵
- 例 An air-conditioning unit is supported by a **rigid** beam 空调由坚硬的杆支撑。

494 **ripple** /ˈrɪpl/ *n.* 涟漪，波纹
　　　　　　　　　　　v. （使）如波浪起伏

17 频

- 用 ripples of sand 沙滩上的波纹
- 例 Diffraction-**ripples** spread out into the space beyond the gap. 衍射涟漪扩散到间隙之外的空间。

495 **roll** /rəʊl/ *v.* （使）翻滚；翻身
　　　　　　　　n. 一卷；隆隆声

14 频

- 用 a roll of film 一卷胶卷
- 例 As soon as the current in the copper rod is switched on, the rod starts to **roll**, showing that a force is acting on it. 接通铜棒中的电流后，铜棒就会开始滚动，表明有作用力作用在铜棒上。

496 **rotate** /rəʊˈteɪt/ *v.* （使）旋转，转动

14 频

- 近 spin, pivot
- 用 rotate around 绕……旋转
- 例 The electron **rotates** clockwise around a uniform magnetic field into the plane of the paper, but the radius of the orbit decreases in size. 电子绕着均匀的磁场顺时针旋转进入纸平面，但是轨道的半径减小了。

497 **rotation** /rəʊˈteɪʃn/ *n.* 旋转，转动；轮换

13 频

- 用 the daily rotation of the earth 地球每天自转
- 例 The experimental study of molecular **rotation** is called microwave spectroscopy. 分子旋转的实验研究称为微波光谱法。

498 **rough** /rʌf/ *adj.* 粗糙的；大致的；粗野的

81 频

- 用 a rough sketch 草图
- 例 A ladder rests in equilibrium on **rough** ground against a rough wall. 梯子以一种平衡的状态，在粗糙的地面上斜靠着粗糙的墙壁。

499 **rubber** /ˈrʌbə(r)/ *n.* 橡胶
adj. 橡胶制成的

61 频

- 用 a ball made of rubber 皮球
- 例 The stair treads were covered with **rubber** to prevent slipping. 楼梯踏板覆盖着橡胶，以防止打滑。

500 **runway** /ˈrʌnweɪ/ *n.* （飞机）跑道

3 频

- 用 taxi down the runway 在跑道上滑行
- 例 Be ready to catch it when the trolley reaches the end of the **runway**. 当手推车到达跑道末端时，准备好抓住它。

S

扫一扫
听本节音频

501 scalar /ˈskeɪlə(r)/ *n.* 标量
           adj. 标量的；无向量的

41 频

- 搭 scalar quantity 标量
- 例 Kinetic energy is a **scalar** property of motion. 动能是运动的标量属性。

502 scale /skeɪl/ *n.* 刻度；等级；规模

184 频

- 搭 the fractional scale 小数刻度
- 例 The object shown has a diameter of 12 mm on the fixed **scale** and 25 divisions or 0.25 mm on the dial. 所示物体的直径在固定刻度上为 12 毫米，在刻度盘上为 25 格或 0.25 毫米。

503 scan /skæn/ *v.* 扫描；细看；翻阅
        n. 扫描

6 频

- 搭 have a brain scan 做脑部扫描
- 例 The figure shows a photograph made using a **scanning** tunneling microscope. 该图显示了使用扫描隧道显微镜制作的照片。

504 scattered /ˈskætəd/ *adj.* 分散的；疏落的

6 频

- 搭 scattered showers 零星小雨
- 例 Inevitably some *X*-rays are **scattered** as they pass through the body. 某些 *X* 射线在穿过人体时不可避免地会被分散。

505 **schematic** /skiːˈmætɪk/ *adj.* 略图的；严谨的

- 用 a schematic diagram 略图
- 例 The following is the **schematic** diagram of a transient-response test circuit. 以下是瞬态响应测试电路的简略图。

506 **scissors** /ˈsɪzəz/ *n.* 剪刀

2 频

- 用 a pair of scissor 一把剪刀
- 例 Use the **scissors** to cut out the circle. 用剪刀剪出圆圈。

507 **screw** /skruː/ *n.* 螺丝
v. 用螺丝固定；拧上去；旋紧

27 频

- 用 a micrometer screw gauge 螺旋千分尺
- 例 The diameter of the wire is measured using a micrometer **screw** gauge. 线径使用螺旋千分尺测量。

508 **seal** /siːl/ *vt.* 封上；使成定局
n. 印章

12 频

- 用 under seal 密封
- 例 Syringes, scalpels and other instruments are **sealed** in plastic bags and then exposed to gamma radiation. 将注射器、手术刀和其他器械密封在塑料袋中，然后使其暴露于伽马射线下。

509 **section** /ˈsekʃn/ *n.* 横切面；部分；部门

6 频

- 用 the tail section of the plane 飞机的尾部
- 例 A sample of the fishing line is 1.0 m long and is of the circular cross-**section** of radius 0.25 mm. 该钓鱼线样本长 1.0 米，圆形横截面半径为 0.25 毫米。

510 **secure** /sɪˈkjʊə(r)/ *vt.* 牢牢地固定
adj. 安全的；安心的；牢固的

11 频

- 近 firmly (*adv.*), tightly (*adv.*)
- 用 a secure job 令人安心的工作
- 例 One end of a string is **secured** to the ceiling and a metal ball

of mass 50 g is tied to its other end. 绳子的一端固定在天花板上，一个质量为 50 克的金属球绑在其另一端。

511 **sensitive** /ˈsensətɪv/ *adj.* 灵敏度高的；体贴的；机密的

7频

⊕ a sensitive and caring man 体贴的男人

⑩ A thermometer based on a thermistor will be **sensitive** over that range of temperatures. 基于热敏电阻的温度计在该温度范围内灵敏度高。

512 **sensor** /ˈsensə(r)/ *n.* 传感器；探测设备

4频

⊕ a light sensor 光传感器

⑩ The gauge relies upon a **sensor** in the tank to relay the fuel level. 压力表依靠油箱中的传感器来传达燃油液位。

513 **separately** /ˈseprətli/ *adv.* 单独地，分别地

9频

⊜ respectively, individually, solely

⊕ separately driven circuit 分激电路

⑩ To calculate the electric potential at a point caused by more than one charge, find each potential **separately** and add them. 要计算由多个电荷引起的某一点的电势，请分别找到每个电势并将其相加。

514 **sequence** /ˈsiːkwəns/ *n.* 一系列；顺序
vt. 按顺序排列

15频

⊕ the sequence of events 一连串事件

⑩ The chemicals bond to particular parts of the molecules of interest, so that they can be tracked throughout a complicated **sequence** of reactions. 这些化学物质与目标分子的特定部分键合，因此可以在一系列复杂的反应过程中跟踪它们。

515 serial /'sɪəriəl/ adj. 连续的；连载的
n. 电视连续剧

11 频

- 囲 a novel in serial form 一部连载小说
- 例 State the function of the parallel-to-**serial** converter. 说明并串转换器的功能。

516 shade /ʃeɪd/ vt. 画阴影；给……遮挡
n. 树荫；色度

8 频

- 囲 a pale shade of red 浅红色
- 例 The graph has been **shaded** to show the area we need to calculate to find the distance moved by the train. 该图的阴影显示我们需要计算的部分，以便找到火车移动的距离。

517 shallow /'ʃæləʊ/ adj. 浅的；浅薄的

2 频

- 回 superficial
- 囲 shallow breathing 呼吸浅的
- 例 People do make use of this geothermal energy where hot rocks are found at a **shallow** depth below the earth's surface. 人们确实利用了这种地热能，在地表下较浅的深度发现了热岩石。

518 sharp /ʃɑːp/ adj. 锋利的；急剧的；敏锐的

9 频

- 囲 a sharp rise in crime 犯罪率的急剧上升
- 例 The continuous curve shows the braking radiation while the **sharp** spikes are the characteristic X-rays. 连续曲线显示制动辐射，而尖峰则是 X 光的特征辐射。

519 shift /ʃɪft/ v. （使）挪动；变换
n. 轮班；改变

2 频

- 囲 a shift of emphasis 重点的转移
- 例 Ray passes through a parallel-sided block of glass, it returns to its original direction of travel, although it is **shifted** to one side. 射线穿过一块四边平行的玻璃块，尽管它向一侧移动，但仍返回其原始的行进方向。

520 **signal** /'sɪgnəl/ n. 信号
v. 示意

206频

- 用 a high frequency signal 高频信号
- 例 He needed some equipment for receiving TV **signals**. 他需要一些设备来接收电视信号。

521 **significance** /sɪg'nɪfɪkəns/ n. 重要性；意义

3频

- 同 importance, consequence
- 用 statistical significance 统计学上的意义
- 例 Explain the **significance** of the energy levels having negative values. 解释具有负值的能级的重要性。

522 **significant** /sɪg'nɪfɪkənt/ adj. 显著的；有重大意义的

135频

- 用 a highly significant discovery 有重大意义的发现
- 例 In everyday life the amount of extra mass is so small that it cannot be measured, but the large changes in energy which occur in nuclear physics and high-energy physics make the changes in mass **significant**. 在日常生活中，附加质量的数量非常少，无法测量，但是核物理学和高能物理学中发生的巨大能量变化使质量变化显著。

523 **simplify** /'sɪmplɪfaɪ/ vt. 使简化

1频

- 反 complicate vt. 使复杂化
- 用 simplify working process 简化工序
- 例 **Simplify** the calculation by treating the curve XY as a straight line. 通过将曲线 XY 视为一条直线来简化计算。

524 **simulate** /'sɪmjuleɪt/ vt. 模拟；假装；冒充

1频

- 同 feign (v.)
- 用 simulate surprise 假装吃惊
- 例 Smoke was used to **simulate** steam coming from a smashed radiator. 烟雾被用来模拟来自粉碎的散热器的蒸汽。

525 **simultaneously** /ˌsɪml'teɪnɪəsli/ *adv.* 同时地

- 同 concurrently
- 用 note simultaneously 同时记录
- 例 **Simultaneously**, the pulse generator triggers a pulse of ultrasound which travels into the patient and starts a trace on the screen. 同时，脉冲发生器触发超声波脉冲，该超声波脉冲进入患者体内并在屏幕上开始跟踪。

526 **sink** /sɪŋk/ *v.* （使）沉没；降低
n. 洗涤池

5 频

- 用 sink into sth. 渐渐进入（消极的）状态
- 例 Without sufficient upthrust from the water, the boat would **sink**. 来自水的推力不足，船就会沉没。

527 **sinusoidal** /ˌsɪnə'sɔɪdl/ *adj.* 正弦的

15 频

- 用 sinusoidal waves 正弦波
- 例 The shape of this graph is a sine curve, and the motion is described as **sinusoidal**. 该图的形状为正弦曲线，该运动被描述为正弦运动。

528 **sketch** /sketʃ/ *n.* 草图
v. 概述；画速写

112 频

- 同 outline (*n.* & *v.*)
- 用 a sketch map 略图
- 例 The diagram shows a **sketch** of a wave pattern, over a short period of time. 该图显示了一段较短时间内的波形图。

529 **slack** /slæk/ *n.* （绳索的）松弛部分
adj. 松弛的

2 频

- 用 slack muscles 松弛的肌肉
- 例 Position the stands so that the rubber band has no **slack**. 放置支架，使得橡皮筋不松弛。

530 **sledge** /sledʒ/ *n.* 雪橇
vi. 乘雪橇

用 by sledge 乘雪橇

28 频

例 The **sledge** gained momentum as it ran down the hill. 雪橇滑下山时，获得了动量。

531 **slew** /sluː/ *v.* （使）侧滑

用 slew rate 压摆率

14 频

例 The **slew** rate of the op-amp is the factor that affects this time delay. 运算放大器的压摆率是影响此时间延迟的因素。

532 **slide** /slaɪd/ *v.* （使）滑动
n. 幻灯片

用 slide down 向下滑行

12 频

例 Gravity makes the child **slide** down the slope. 重力使孩子滑下斜坡。

533 **slightly** /ˈslaɪtli/ *adv.* 略微，稍微

用 slightly different 略有不同的

8 频

例 The particles in the liquid are packed **slightly** less closely together (compared with a solid). 液体中的颗粒堆积得不太紧密（与固体相比）。

534 **slit** /slɪt/ *n.* 狭缝
vt. 切开一个狭长的口子

近 crack (*n.* & *v.*), split (*n.* & *v.*), cleave (*v.*)

121 频

用 slit the envelope open 拆开信封

例 By placing a narrow **slit** in the path of the beam, you can see a single narrow beam or ray of light. 通过在光束路径上放置一条窄缝，你可以看到一条窄光束或一束光线。

535 **slope** /sləʊp/ *n.* 斜坡；斜度

   vi. 倾斜

125 频

- 📶 ramp (*n.*)
- 🅿 ski slope 滑雪斜坡
- 🅮 The steeper the **slope**, the better to maximise the effect of gravity. 坡度越陡越好，以最大程度地发挥重力作用。

536 **solar** /'səʊlə(r)/ *adj.* 太阳的；太阳能的

12 频

- 🅿 solar radiation 太阳辐射
- 🅮 In the 'solar system' model of the atom, what force holds the electrons in their orbits around the nucleus? 在原子的"太阳系"模型中，什么力会使电子保持在原子核周围的轨道上？

537 **solely** /'səʊlli/ *adv.* 仅；单独地

2 频

- 📶 independently, separately
- 🅿 simply and solely 仅仅
- 🅮 The famous French TGV trains run on lines that are reserved **solely** for their operation, so that their high-speed journeys are not disrupted by slower, local trains. 法国著名的 TGV 列车在仅为它们提供的轨道上运行，因此它们可以高速行驶而不受到本地慢车的干扰。

538 **solid** /'sɒlɪd/ *adj.* 固体的；坚硬的

   n. 固体

9 频

- 🅿 solid waste 固体废料
- 🅮 Forces can change the size and shape of a **solid** object. 力可以改变固体的大小和形状。

539 **spark** /spɑːk/ *n.* 电火花；一丁点

   v. 引发

5 频

- 📶 generate (*vt.*), induce (*vt.*)
- 🅿 spark up 突然引发（讨论、争论等）
- 🅮 Examples of noise sources include: radio emissions from the

spark plug of a nearby car, a nearby mobile phone and the random thermal motion of electrons in a wire. 噪声源的示例包括：附近汽车火花塞发出的无线电辐射、附近移动电话发出的辐射以及电线中电子的随机热运动。

540 **specific** /spə'sɪfɪk/ *adj.* 特有的；明确的；特定的

73 频

- 📶 peculiar
- 🔤 specific purpose 特定用途
- 📝 At temperatures close to 0 K, the **specific** heat capacity c of a particular solid is given by $c = bT^3$. 在接近 0 开尔文的温度下，特定固体的特有比热容 c 由比热容 $c=$ 常数 $b \times$ 温度 T 的三次方得出。

541 **specify** /'spesɪfaɪ/ *vt.* 明确规定；具体说明；详述

1 频

- 📶 explain, clarify
- 🔤 specify sth. for sth. 指定用于……
- 📝 The regulations **specify** that calculators may not be used in the examination. 考试规定明确指出，考试时不得使用计算器。

542 **specimen** /'spesɪmən/ *n.* 样本；标本；抽样

12 频

- 📶 sample
- 🔤 provide a specimen 提供血样
- 📝 Variations in the signal that occur between successive **specimens** are not reproduced. 连续样本之间发生的信号变化不会再重现。

543 **spectrum** /'spektrəm/ *n.* 光谱；声谱；范围

54 频

- 🔤 an electromagnetic spectrum 电磁波谱
- 📝 The concept of a continuous **spectrum** is obviously unmanageable graphically. 连续光谱的概念显然无法通过图形处理。

544 **sphere** /sfɪə(r)/ *n.* 球；范围

366 频

- 🔤 volume of sphere 球的体积
- 📝 The positive charge on the **sphere** induces negative charges on the plate. 该球体上的正电荷在板上感应出负电荷。

545 **spindle** /ˈspɪndl/ *n.* 轴

12频

- 用 a frictionless spindle 无摩擦的轴
- 例 The student uses a protractor to measure the angle θ through which the **spindle** of the variable resistor is rotated and records the current I. 学生使用量角器测量可变电阻器主轴旋转的角度 θ，并记录电流 I。

546 **split** /splɪt/ *v.* （使）分裂；分开
n. 分歧；裂缝

19频

- 同 crack (*v.*)
- 用 split sth. into 把某物分开成（几个部分）
- 例 When white light passes through glass (here a prism), it refracts as it enters and leaves the glass, and is **split** into a spectrum of colours. 当白光穿过玻璃（这里是棱镜）时，它会在进入和离开玻璃时发生折射，并分裂为多种颜色。

547 **spontaneous** /spɒnˈteɪniəs/ *adj.* 自发的；自然的

14频

- 用 spontaneous applause 自发的鼓掌
- 例 Describe the **spontaneous** and random nature of radioactive decay. 描述放射性衰变的自发性和随机性。

548 **spot** /spɒt/ *vt.* 注意到
n. 斑点；场所

6频

- 用 rust spots 锈斑
- 例 Other cameras are equipped with sensors to **spot** speeding motorists, or those who break the law at traffic lights. 其他摄像头安装了传感器，以识别超速驾驶者或闯红灯的违法者。

549 **sprinter** /ˈsprɪntə(r)/ *n.* 短跑运动员

7频

- 同 runner
- 用 elite sprinters 优秀短跑运动员
- 例 For a **sprinter**, speed and acceleration are important. 对于短跑运动员来说，速度和加速度很重要。

550 **stable** /ˈsteɪbl/ *adj.* 稳定的；沉稳的
　　　　　　　　　　　　n. 马房

6频

☐ 🌐 a stable relationship 稳定的关系

☐ 🔘 A different nucleus can be formed by bombarding a **stable**
☐ 　 nucleus with an energetic α -particle. 通过用高能 α 粒子轰击
　　 稳定的核可以形成不同的核。

551 **stack** /stæk/ *n.* 一叠
　　　　　　　　　　v. （使）成叠

2频

☐ 🌐 stack boxes 把箱子摞起来

☐ 🔘 Take a **stack** of 500 sheets and measure its thickness with a
☐ 　 rule. 取一叠 500 张的纸，并用尺子测量其厚度。

552 **stage** /steɪdʒ/ *n.* 阶段；段；舞台

10频

☐ 🔵 phase

☐ 🌐 at one stage 有一段时间

☐ 🔘 From the graph, you can see that there are three **stages** in the
　 cooling of the material. 从图中可以看出，材料的冷却分为三个
　 阶段。

553 **staple** /ˈsteɪpl/ *n.* 订书钉；U 形钉
　　　　　　　　　　　v. 用订书钉钉

282频

☐ 🔄 unstaple *v.* 拆订书钉

☐ 🌐 staple gun 钉钉器

☐ 🔘 Do not use **staples**, paper clips, highlighters, glue or correction
　 fluid. 请勿使用订书钉、回形针、荧光笔、胶水或涂改液。

554 **statement** /ˈsteɪtmənt/ *n.* 陈述；声明

199频

☐ 🌐 a statement of Newton's second law 牛顿第
　 二定律的表述

☐ 🔘 A **statement** of the principle of superposition
　 is shown below. 叠加原理的说明如下所示。

555 **state** /steɪt/ *n.* 状态；国家
vt. 陈述；公布

- 同 condition (*n.*)
- 用 affairs of state 国家大事
- 例 In which **state** of matter do the particles have the most kinetic energy? 粒子在哪种状态下具有最大动能？

556 **static** /ˈstætɪk/ *adj.* 静止的；静态的
n. 静电

1 频

- 用 static pressure 静压
- 例 It is the movement of electrons that generates **static** electricity. 电子运动会产生静电。

557 **stationary** /ˈsteɪʃənri/ *adj.* 静止的；固定的

285 频

- 同 static
- 用 a stationary vehicle 一辆停着的车
- 例 When designing bridges, engineers must take into account the possibility of the wind causing a build-up of **stationary** waves, which may lead the bridge to oscillate violently. 在设计桥梁时，工程师必须考虑到风引起驻波形成的可能性，而这可能导致桥梁剧烈振动。

558 **steady** /ˈstedi/ *adj.* 稳步的，持续的；稳定的；沉着的

22 频

- 同 stable
- 用 a steady income 稳定的收入
- 例 A car travelling on a level road at a **steady** 20 m/s^{-1} against a constant resistive force develops a power of 40 kW. 一辆汽车以 20 米每秒的匀速在水平路面上行驶，阻力恒定，产生的功率为 40 千瓦。

559 **stick** /stɪk/ *v.* 粘贴；卡住
　　　　　　　n. 枝条；球棍

20频

- 用 a hockey stick 曲棍球球棍
- 例 At temperatures a little above the boiling point, the molecules of a gas are moving more slowly and they tend to **stick** together—a liquid is forming. 在略高于沸点的温度下，气体分子运动得更慢，并且趋于粘在一起，从而形成液体。

560 **stiff** /stɪf/ *adj.* 硬的，不易弯曲的；僵硬的

10频

- 近 rigid, solid
- 用 a stiff brush 硬刷子
- 例 Place the magnet under a **stiff** sheet of plain paper or (preferably) clear plastic. 将磁铁放在一张坚硬的普通纸或（最好是）透明塑料下。

561 **stopwatch** /ˈstɒpwɒtʃ/ *n.* 跑表，秒表，码表

14频

- 近 timer
- 用 digital stopwatch 数字秒表
- 例 Assume that the **stopwatch** and tape measure function correctly. 假设秒表和卷尺正常运作。

562 **stream** /striːm/ *n.* 流，溪
　　　　　　　v. 流出；用流式传输

8频

- 用 mountain streams 山涧
- 例 The photoelectric effect, and Einstein's explanation of it, convinced physicists that light could behave as a **stream** of particles. 光电效应以及爱因斯坦对其的解释，使得物理学家确信光可以像粒子流一样运动。

563 **strength** /streŋθ/ *n.* 强度；力度；优势

188频

- 近 plus
- 用 wind strength 风力
- 例 Which change would cause a decrease in the **strength** of the electric field? 哪个变化会导致电场强度降低？

564 **stretch** /stretʃ/ *v.* 拉紧；延伸
　　　　　　　　　　n. 一片；弹性

14 频

- ⊜ extend (*v.*)
- ⊕ stretch jeans 弹力牛仔裤
- ⊙ A second type of wave can also be demonstrated with a **stretched** 'slinky' spring. 第二种波浪也可以通过拉开的 "紧身" 弹簧来展现。

565 **strike** /straɪk/ *v.* 撞，击
　　　　　　　　　n. 罢工；击打

14 频

- ⊕ an unofficial strike 未得到批准的罢工
- ⊙ When a photon of ultraviolet radiation **strikes** the metal plate, its energy may be sufficient to release an electron. 当紫外线的光子撞击金属板时，其能量或许足以释放电子。

566 **string** /strɪŋ/ *n.* 细绳，线
　　　　　　　　vt. 悬挂

379 频

- ⊕ a stringed instrument 一种弦乐器
- ⊙ A stretched **string** is vibrating between two fixed ends. 一根拉长的绳在两个固定端之间振动。

567 **strip** /strɪp/ *n.* 条，带
　　　　　　　v. 剥去

258 频

- ⊕ a strip of paper 一张纸条
- ⊙ A bimetallic **strip** is designed to bend as it gets hot. 双金属条被设计成温度升高时会弯曲的状态。

568 **stroke** /strəʊk/ *n.* 一击；一笔画
　　　　　　　　vi. 轻挪，轻触

7 频

- ⊕ fine brush strokes 细笔刷的笔画
- ⊙ A piston in a gas supply pump has an area of 600 cm^2 and it moves a distance of 40 cm during one **stroke**. 供气泵中的活塞面积为 600 平方厘米，击打一下使它移动了 40 厘米。

569 **subject** /səbˈdʒekt/ *n.* 主体；主题

　　　　　　　　　　　adj. 可能受……影响的

6频

☐ 🌐 be subject to sth. 易受某物影响

☐ 🌐 This example shows that it is sometimes necessary to rearrange an equation, to make the unknown quantity its **subject**. 此事例表明，有时有必要重新排列方程式，使未知的量变为主体。

570 **submerge** /səbˈmɜːdʒ/ *v.* （使）潜入水中；沉浸于

2频

☐ 🔵 immerse

☐ 🌐 submerge oneself in sth. 沉浸于某事

☐ 🌐 The ripples move more slowly because they drag on the bottom of the tank (which is actually the upper surface of the **submerged** glass plate). 由于波纹在水箱底部（实际上是在浸没的玻璃板的上表面）上拖动，因此波纹移动得更慢。

571 **subsequent** /ˈsʌbsɪkwənt/ *adj.* 随后的；后来的

8频

☐ 🔴 previous *adj.* 之前的

☐ 🌐 subsequent to 在……以后

☐ 🌐 What is the **subsequent** path and change of speed of the electron? 电子的后续路径和速度变化是怎样的？

572 **substance** /ˈsʌbstəns/ *n.* 物质；事实基础；要点

11频

☐ 🌐 a radioactive substance 放射性物质

☐ 🌐 The **substance** polymerizes to form a hard plastic. 该物质聚合形成硬塑料。

573 **subtract** /səbˈtrækt/ *v.* 减去

2频

☐ 🔵 take away

☐ 🌐 subtract A from B 从 B 中减去 A

☐ 🌐 If the objects are travelling in the same direction then we **subtract** their speeds to find the relative speed. 如果物体沿相同方向行进，我们减去它们的速度便可以得到相对速度。

574 **successive** /səkˈsesɪv/ *adj.* 连续的；相继的

8频

- 圓 consecutive
- 用 fourth successive win 四连胜
- 例 Complete the table by calculating the areas of **successive** strips, to show how W depends on V. 通过计算连续带的面积完成表格，并证明功率 W 如何取决于电压 V。

575 **sufficiently** /səˈfɪʃntli/ *adv.* 充足地

4频

- 反 inadequately, insufficiently *adv.* 不足地
- 用 express sufficiently 充分地表达
- 例 A **sufficiently** energetic particle can penetrate the entire stack of parallel plates. 足够高能的粒子可以穿透整个平行板堆。

576 **suitable** /ˈsuːtəbl/ *adj.* 适当的；合适的

10频

- 圓 appropriate, fit
- 用 a suitable candidate 合适的人选
- 例 If the sufferer is lucky and receives **suitable** treatment, the tissue may regrow. 如果患者有幸得到恰当的治疗，细胞组织则可能会重新生长。

577 **summarise** /ˈsʌməraɪz/ *vt.* 总结；概述

4频

- 圓 sum up, review
- 用 summarise experience 总结经验
- 例 To **summarise**, the benefits of using negative feedback to reduce the gain of an op-amp are the following points. 总而言之，使用负反馈来降低运算放大器增益的好处如下。

578 **superpose** /ˌsuːpəˈpəʊz/ *vt.* 把……放在上面；叠放

4频

- 圓 overlap (v.)
- 用 superposed fold 叠加褶皱
- 例 A stationary wave is formed whenever two progressive waves of the same amplitude and wavelength, travelling in opposite directions, **superpose**. 每当两个振幅和波长相同的、沿相反方向传播的渐进波重叠时，便会形成驻波。

579 supply /sə'plaɪ/ *n.* 供应；供应量；补给

　　　　　　　　　vt. 供应

204 频

- 🌐 a constant supply of oxygen 持续供氧
- 🔷 Two wires *P* and *Q* made of the same material and of the same length are connected in parallel to the same voltage **supply**. 由相同的材料和相同的长度制成的两条导线 *P*、*Q* 并联到同一电源上。

580 surface /'sɜːfɪs/ *n.* 表面；水面，地面

378 频

- 🌐 on the surface (of sth.) 表面上来看；在某物的表面上
- 🔷 As you turn a cut diamond, light flashes from its different internal **surfaces**. 当你转动一颗切好的钻石，光线会从其不同的内表面中发散出来。

581 surrounding /sə'raʊndɪŋ/ *adj.* 周围的，附近的

4 频

- 🔘 ambient
- 🌐 surrounding areas 周围地区
- 🔷 When a fluid is heated, its expansion causes its density to decrease, and it rises because it is less dense than the **surrounding** air. 当一种液体被加热，体积膨胀会导致密度降低，且由于其密度小于周围空气而升华。

582 suspend /sə'spend/ *vt.* 悬，挂；暂停；延缓

23 频

- 🔘 string (*v.*)
- 🌐 suspend judgement 延缓判断
- 🔷 A long, thin metal wire is **suspended** from a fixed support and hangs vertically. 长而细的金属线悬挂在固定的支架上，垂直悬挂。

583 sweep /swiːp/ *v.* 扫出；席卷

　　　　　　　n. 一掠

1 频

- 🌐 sweep sth. away 彻底消除
- 🔷 A wind turbine has blades that **sweep** an area of 2,000 m^2. 风力涡轮机的叶片可扫过的面积为 2,000 平方米。

584 switch /swɪtʃ/ n. 开关；改变
v. 转变

245 频

- ⊕ a light switch 电灯开关
- ⑩ The capacitor is charged up when the **switch** connects it to the power supply. 当开关将电容器连接到电源时，电容器即被充电。

585 symbol /'sɪmbl/ n. 象征；符号

41 频

- ⑩ signal
- ⊕ circuit symbols 电路符号
- ⑩ The **symbol** for density is ρ, the Greek letter rho. 密度的符号是 ρ，希腊字母 rho。

586 symmetrically /sɪ'metrɪkli/ adv. 对称地

2 频

- ⊠ asymmetrically adv. 不对称地
- ⊕ symmetrically shaped beam 对称成形波束
- ⑩ The figures are **symmetrically** disposed about a vertical axis. 这些数字关于竖直轴对称分布。

T

587 tangent /ˈtændʒənt/ *n.* 切线；正切；离题

6频

- 🔁 go off at a tangent 突然转换话题
- 📝 *XT* is the **tangent** to the path at *X*. *XT* 是该路径的切线，*X* 为切点。

588 tap /tæp/ *n.* 水龙头；旋塞
v. 轻敲

10频

- 🔁 a gas tap 煤气阀门
- 📝 The flask is connected to a vacuum pump, the air is pumped out and then the **tap** is closed. 将烧瓶连接到真空泵，将空气抽出，然后关闭水龙头。

589 target /ˈtɑːgɪt/ *n.* 目标
vt. 把……作为攻击目标

9频

- 🔁 achieve a target 达成目标
- 📝 Lead is a good absorber because it is dense and its nuclei are relatively large, so they present an easy **target** for the gamma rays. 铅是一种很好的吸收剂，密度大且其原子核较大，因此对于伽马射线来说，它们是容易瞄准的目标。

590 telescope /ˈtelɪskəup/ *n.* 望远镜

9频

- 🔁 radio telescope 射电望远镜
- 📝 Radio **telescopes** detect radio waves from distant stars and galaxies. 射电望远镜探测来自遥远恒星和星系的无线电波。

591 temporarily /ˈtemprərəli/ adv. 暂时地；短暂地

- ⓘ transiently
- ⓟ temporarily unavailabe 暂时不可用的
- ⓔ A steel pin is **temporarily** magnetised when a permanent magnet is brought close to it. 当永久磁铁靠近钢钉时，钢钉会暂时磁化。

592 tensile /ˈtensaɪl/ adj. 张力的；拉力的；可拉长的

26 频

- ⓟ tensile cable 可延伸的电缆
- ⓔ Certain materials can be manufactured with high **tensile** strength. 某些材料可以在高抗拉强度下制造。

593 tension /ˈtenʃn/ n. 拉紧状态；紧张局势；烦躁

89 频

- ⓟ international tensions 国际紧张局势
- ⓔ Wire Y has twice the diameter and experiences twice the **tension** of wire X. 线 Y 的直径是线 X 的两倍，张力也是线 X 的两倍。

594 theoretical /ˌθɪəˈretɪkl/ adj. 理论上的；假设的

2 频

- ⓟ theoretical physics 理论物理
- ⓔ This particle, named the neutrino, was proposed by the **theoretical** physicist Wolfgang Pauli in 1931. 这个名为中微子的粒子是理论物理学家沃尔夫冈·保利在 1931 年提出的。

595 thermostat /ˈθɜːməstæt/ n. 恒温器；温度自动调节器

5 频

- ⓘ caloristat
- ⓟ thermostat housing 恒温器壳体
- ⓔ One kind of **thermostat** is a strip of metal while bends when it gets hot. 一种恒温器是温度升高时会弯曲的一条金属带。

596 **thick** /θɪk/ *adj.* 厚的，粗的；浓密的

12 频

- 🔂 dense
- 🔗 thick dark hair 浓密的黑发
- 📋 The **thick** lines are barriers to the waves and each thin line represents a wavefront. 粗线是波的屏障，每条细线代表波阵面。

597 **thread** /θred/ *n.* 线；脉络
　　　　　　　　　　　　v. 穿（针）

40 频

- 🔗 thread a needle 穿针
- 📋 Place the rods on where they can turn freely, either by hanging them using string or **thread**. 使用细绳或细线悬挂杆，使其可以自由转动。

598 **threshold** /ˈθreʃhəʊld/ *n.* 阈；界；门口

16 频

- 🔂 gateway, doorway
- 🔗 pain threshold 痛阈
- 📋 The **threshold** voltage at which an LED starts to conduct and emit light is higher than 0.6 V. LED 开始传导并发光的阈值电压高于 0.6 伏特。

599 **thrust** /θrʌst/ *n.* 推力；要点
　　　　　　　　　　　v. 猛推

9 频

- 🔂 substance (*n.*)
- 🔗 thrust sth. aside 置之一旁
- 📋 The vehicle will accelerate so long as the **thrust** is greater than the air resistance. 只要推力大于空气阻力，车辆就会加速行驶。

600 **tighten** /ˈtaɪtn/ *vt.* （使）变紧，变牢固

2 频

- 🔂 fasten, clamp, clip
- 🔗 tighten a lid 拧紧盖子
- 📋 The screws should be **tightened** using the screwdriver. 应使用螺丝刀拧紧螺丝。

601 **tightly** /ˈtaɪtli/ *adv.* 紧紧地；牢固地

4 频

- 回 firmly
- 用 hold tightly 紧紧抓住
- 例 The boss should be clamped **tightly** to the stand to prevent the rod from rotating. 该轴套应紧紧地固定在支架上，以防止拉杆旋转。

602 **tilt** /tɪlt/ *v.* （使）倾斜；使倾向于

       n. 倾斜

1 频

- 回 slope (*v.* & *n.*)
- 用 tilt at sth. 力争赢得某物
- 例 An aircraft **tilts** to change direction. 飞机倾斜以改变方向。

603 **tiny** /ˈtaɪni/ *adj.* 微小的；极小的

3 频

- 回 little, minute
- 用 a tiny bit 有点儿
- 例 Each **tiny** spark has momentum, but for every spark, there is another moving in the opposite direction, i.e. with opposite momentum. 每个微小的火花都有动量，但是对于每个火花，都有另一个沿相反方向移动的动量，也就是说它们还具有相反方向的动量。

604 **topple** /ˈtɒpl/ *v.* （使）失去平衡而倒落；推翻

1 频

- 回 override, overthrow
- 用 a plot to topple the president 推翻总统的阴谋
- 例 A tall glass is easily **toppled**. 高脚玻璃杯很容易翻倒。

605 **tow** /təʊ/ *vt.* 拖；拉

       n. 牵引

词源 13

- 回 drag (*v.*)
- 用 a tow truck 牵引车
- 例 The truck used a cable to **tow** the car. 卡车用缆绳拖拽汽车。

606 **trace** /treɪs/ *n.* 轨迹；痕迹
v. 追查

286频

☐ ⊕ the traces of two sound waves 两条声波的轨迹线
☐ ⑩ Explain how the **trace** on the oscilloscope relates to the
☐ movements of the air particles in the sound wave. 解释示波器
上的轨迹与声波中空气粒子的运动如何相联系。

607 **track** /træk/ *n.* 履带；小道；轨道
v. 跟踪

4频

☐ ⊕ railway tracks 铁路轨道
☐ ⑩ Better driving equipment will improve **track** adhesion in
☐ slippery conditions. 更好的驾驶设备会改善在湿滑条件下的履
带附着力。

608 **trampoline** /ˌtræmpəˈliːn/ *n.* 跳床，蹦床

5频

☐ ⊕ on a trampoline 在蹦床上
☐ ⑩ Explain why the motion of someone jumping up and down on a
☐ **trampoline** is not simple harmonic motion. 解释为什么有人在
蹦床上跳上跳下的运动不是简谐运动。

609 **transfer** /trænsˈfɜː(r)/ *v.* （使）转移；（使）调动
n. 转移；调动

29频

☐ 回 deflect (*v.*)
☐ ⊕ electronic data transfer 电子数据传输
☐ ⑩ What particles in a metal are involved in **transferring** energy
☐ from hotter regions to colder ones? 金属中有哪些粒子将能量
从较热的区域转移到较冷的区域？

610 **transform** /trænsˈfɔːm/ *vt.* 使改变形态；使改变外观

1频

☐ 回 convert (*v.*)
☐ ⊕ transform sb./sth. into sb./sth. 把……改造
成……；使……转变成……
☐ ⑩ The photochemical reactions **transform**
the light into electrical impulses. 光化学反
应使光变为电脉冲。

611 **transmit** /trænz'mɪt/ v. 传（热、声等）；传送；传播

2 频

- ⊕ signals transmitted from a satellite 从卫星传送来的信号
- ⑩ In most stringed instruments, the vibrations are **transmitted** to the body of the instrument, which also vibrates, along with the air inside it. 在大多数弦乐器中，振动传递到乐器的主体，该主体也随着内部的空气一起振动。

612 **transparent** /træns'pærənt/ adj. 透明的；显而易见的；易懂的

10 频

- ⊗ opaque adj. 不透明的；难懂的，晦涩的
- ⊕ transparent attempt 明显的企图
- ⑩ An anti-scatter grid consists of plates that are opaque to X-rays, which alternate with **transparent** material. 防散射栏格由对 X 射线不透明的板组成，并与透明材料交替出现。

613 **trap** /træp/ vt. 使陷入困境；吸收；夹住
n. 陷阱

8 频

- ⊕ fall into the trap 掉进陷阱
- ⑩ Seawater is **trapped** behind a dam at high tide and then released through turbines. 海水在涨潮时被困在大坝后面，然后通过涡轮机释放。

614 **tray** /treɪ/ n. 盘，托盘；碟

21 频

- ⊕ a tea tray 茶盘
- ⑩ Take a shallow **tray** and place in it a number of identical small balls. 取一个浅托盘，并在其中放入许多一模一样的小球。

615 **trigger** /'trɪgə(r)/ vt. 发动；触发

4 频

- ⊕ trigger an alarm 触发警报器
- ⑩ The alarm is **triggered** when the potential difference between X and Y reaches 4.5 V. 当 X 和 Y 之间的电位差达到 4.5 V 时，将触发警报。

616 trolley /ˈtrɒli/ *n.* 小推车；手拉车

145 频

- 📙 cart
- 🔤 a shopping trolley 购物手拉车
- 📝 The pattern of dots on the tape acts as a record of the **trolley**'s movement. 线带上的点状图案可以作为手拉车的运动记录。

617 tug /tʌɡ/ *n.* 拖船；猛拉
            v. 拉，拖拽

7 频

- 📙 drag (*n.* & *v.*), tow (*n.* & *v.*)
- 🔤 tug at/on sth. 拖拽某物
- 📝 Two **tugs** are towing an oil rig. 两个拖船正在拖拽一个石油钻机。

618 turbine /ˈtɜːbaɪn/ *n.* 涡轮机

50 频

- 🔤 the spinning turbine 旋转的涡轮
- 📝 Water is fed by a pipe to a **turbine**, which causes a generator to spin. 水通过管道输送到涡轮机，使发动机旋转起来。

619 typical /ˈtɪpɪkl/ *adj.* 典型的；特有的

12 频

- 📙 symbolic, characteristic, representative
- 🔤 a typical Italian cafe 典型的意大利式餐馆
- 📝 What is a correct estimate of the order of magnitude of the diameter of a **typical** atomic nucleus? 对典型的原子核直径量级的正确预估是多少？

620 tyre /ˈtaɪə(r)/ *n.* 轮胎

12 频

- 🔤 a rear tyre 后胎
- 📝 N and F are the total normal contact and friction forces (respectively) provided by the contact of all four **tyres** with the road. N 和 F 分别是接触力和摩擦力，这两个力是由四个轮胎与道路的接触产生的。

U

---

621 ultimate /ˈʌltɪmət/ *adj.* 极端的；最终的；根本的

9 频

- 回 fundamental
- 用 a ultimate goal 最终目标
- 例 When the cross-sectional area of the rod is doubled, the **ultimate** tensile stress of the rod is halved. 当杆的横截面积加倍，杆的极限张力会减半。

---

622 ultraviolet /ˌʌltrəˈvaɪələt/ *adj.* 紫外线的

33 频

- 用 ultraviolet therapy 紫外线疗法
- 例 The sun's **ultraviolet** rays are responsible for both tanning and burning. 来自太阳的紫外线会导致晒黑和燃烧。

---

623 unbalanced /ˌʌnˈbælənst/ *adj.* 不平衡的；偏颇的

1 频

- 回 biased
- 用 an unbalanced article 持论偏颇的文章
- 例 If the forces are **unbalanced**, calculate the resultant force on the object and give its direction. 如果力不平衡，请计算作用在物体上的合力并给出其方向。

---

624 undergo /ˌʌndəˈgəʊ/ *vt.* 经历，经受

4 频

- 用 undergo tests 经受考验
- 例 When an unstable nucleus **undergoes** radioactive decay, the nucleus before the decay is often referred to as the parent nucleus and the new nucleus after the decay of the α -particle is known as the daughter nucleus. 当不稳定核经历放射性衰变时，衰变之前的核通常称为母核，而 α 粒子衰变之后的新核称为子核。

---

625 **underline** /ˌʌndəˈlaɪn/ *vt.* 强调；画下划线

13频

- 圆 stress, emphasise
- 用 it is underlined that... 需要强调的是……
- 例 In which example is it not possible for the **underlined** body to be in equilibrium? 在下列哪个示例中，带下划线的物体不可能处于平衡状态？

626 **undeviate** /ʌnˈdiːvɪeɪt/ *vi.* 无背离

5频

- 反 deviate *v.* 背离，偏离
- 例 Most α-particles pass **undeviated** through the gold, showing that most of an atom is empty space. 大部分 α 粒子无偏差地穿过金片，表明大部分原子是内空的。

627 **unify** /ˈjuːnɪfaɪ/ *vt.* 使成为一体；统一

153频

- 用 a unified transport system 统一的运输体系
- 例 The **unified** atomic mass unit (u) is defined as 1/12 the mass of the carbon-12 atom. 统一原子质量单位（u）定义为碳 12 原子质量的十二分之一。

628 **uniform** /ˈjuːnɪfɔːm/ *adj.* 匀速的；一致的
n. 制服

273频

- 圆 consistent
- 用 uniform circular motion 匀速圆周运动
- 例 An object moving at a steady speed along a circular path has **uniform** circular motion. 沿圆周路径以稳定速率运动的物体在做匀速圆周运动。

629 **unstable** /ʌnˈsteɪbl/ *adj.* 不稳定的，易变的

9频

- 圆 volatile
- 用 chemically unstable 化学上不稳定的
- 例 A tall glass is easily knocked over—it is **unstable**. 高脚玻璃杯很容易被撞倒——是不稳定的。

630 **uppermost** /ˈʌpəməʊst/ *adj.* 最高的；最重要的
adv. 处于最高位置

1 频

- 用 the uppermost branches of the tree 树顶端的枝丫
- 例 At the instant shown, the **uppermost** side of the coil is its north pole and the lowermost side is its south pole. 在所示的瞬间，线圈的最上侧是其北极，最下侧是其南极。

631 **upright** /ˈʌpraɪt/ *adj.* 直立的；垂直的

4 频

- 同 perpendicular
- 用 an upright posture 直立的姿势
- 例 For a person standing **upright**, the centre of gravity is roughly in the middle of the body, behind the navel. 对于一个竖直站立的人，重心大约在身体中间，在肚脐后面。

V

632 **vacuum** /'vækjuːm/ *n.* 真空；空虚
　　　　　　　　　 vt. 用吸尘器清扫

95 频

☐ 🔘 a vacuum pump 真空泵
☐ 🔘 Wind is a current of air caused by a **vacuum** caused by hot air
☐ 　 rising. 风是由热空气上升产生真空而导致的一种气体流动。

633 **valid** /'vælɪd/ *adj.* 有效的，认可的；有根据的

4 频

☐ 🔘 a valid passport 有效的护照
☐ 🔘 State the principle of conservation of momentum and state the
☐ 　 conditions under which it is **valid**. 说明动量守恒的原理，并说
　 　 出其有效的条件。

634 **value** /'væljʊ/ *n.* 数值；价值；是非标准
　　　　　　　 vt. 认为重要

641 频

☐ 🔘 temperature values 温度值
☐ 🔘 θ is determined from the corresponding **values** of X by using
☐ 　 this graph. 使用该曲线图，θ 的数值由对应的 X 值决定。

635 **valve** /vælv/ *n.* 阀门；活塞；瓣膜

1 频

☐ 🔘 a heart valve 心瓣膜
☐ 🔘 The pump sucks air out (of the vessel) through this **valve**. 泵从
☐ 　 阀门将（容器中的）空气抽出。

636 **van** /væn/ *n.* 箱式送货车

7 频

☐ 🔘 a police van 警车
☐ 🔘 Pulling out to overtake, the car collided head-on with a **van**. 该
☐ 　 汽车越线超车时，与货车正面相撞。

637 **vapour** /ˈveɪpə(r)/ *n.* 蒸汽，潮气

13 频

- 🔄 water vapour 水蒸气
- 📝 The space above the mercury column is a vacuum with a small amount of mercury **vapour**. 汞柱上方的空间是真空，带有少量汞蒸气。

638 **variable** /ˈveəriəbl/ *n.* 变量

adj. 多变的；可变的

91 频

- 🔄 unstable (*adj.*)
- 🔄 variable temperatures 多变的气温
- 📝 Speed was a **variable** in the experiment. 速度在这个试验中是一个变量。

639 **variation** /ˌveəriˈeɪʃn/ *n.* 变化；变异；变体

3 频

- 🔄 seasonal variation 季节性变化
- 📝 In this experiment, you will investigate the **variation** of a potential difference in a resistor network. 在本实验中，你将研究电阻器网络中电势差的变化。

640 **vary** /ˈveəri/ *v.* 相异；（使）变化

32 频

- 🔄 differ
- 🔄 vary according to 随⋯⋯而不同
- 📝 State and explain two reasons why the signal at the end of the long cable **viaries** from the signal at the start. 陈述并解释长电缆末端信号与起始信号不同的两个原因。

641 **vector** /ˈvektə(r)/ *n.* 矢量；航线

82 频

- 🔄 vector difference 矢量差
- 📝 Acceleration and velocity are both **vectors**. 加速度和速度都是矢量。

642 vehicle /ˈviːəkl/ n. 汽车，交通工具；手段

32 频

- 同 device, instrument
- 搭 motor vehicles 机动车辆
- 例 A **vehicle** brake consists of an aluminium disc attached to a car axle. 车辆制动器由附着在车轴上的铝盘组成。

643 vertical /ˈvɜːtɪkl/ adj. 垂直的；纵向的

279 频

- 同 perpendicular, upright
- 搭 move in a vertical direction 以垂直的方向运动
- 例 The car has no acceleration in the **vertical** direction. 该车在垂直方向没有加速度。

644 vessel /ˈvesl/ n. 容器；大船；血管

7 频

- 同 container
- 搭 ocean-going vessels 远洋轮船
- 例 A **vessel** of volume 200 dm^3 contains 3.0×1.0^{26} molecules of gas at a temperature of 127 ℃. 容积为 200 立方分米的容器在 127 摄氏度的温度下包含 3.0×1.0^{26} 个气体分子。

645 vibrate /vaɪˈbreɪt/ vi. 振动；颤动

14 频

- 同 tremble (v.), shake (v.), shiver (v.)
- 搭 vibrate with tension 紧张得发颤
- 例 Strings **vibrate** when plucked. 拨弦时弦会振动。

646 violet /ˈvaɪələt/ n. 紫罗兰；紫罗兰色
adj. 紫罗兰色的

11 频

- 搭 violet eyes 蓝紫色的眼睛
- 例 When **violet** is added to the medium blue, a particularly striking, warm coloration is created. 当把紫罗兰色加到普通蓝色中，会产生一种特别醒目的暖色。

647 **virtual** /ˈvɜːtʃuəl/ *adj.* 实际上的，实质上的；（互联网上）虚拟的

⊕ a virtual image 虚像 `8频`

例 We say that the image is real, because light really does fall on the screen to make the image; however, if light only appeared to be coming from the image, we would say that the image was **virtual**. 因为光线确实会落在屏幕上形成图像，所以我们说图像是真实的；但是，如果只有光看起来来自图像，则可以说图像是虚拟的。

648 **viscous** /ˈvɪskəs/ *adj.* 黏稠的

⊕ dark and viscous blood 发黑黏稠的血液 `26频`

例 **Viscous** forces are forces that act on a body moving through a fluid that are caused by the resistance of the fluid. 黏性力是由流体阻力引起的，作用在通过流体的物体身上的力。

649 **visible** /ˈvɪzəbl/ *adj.* 看得见的；能注意到的

⊕ visible benefits 明显的好处 `29频`

例 Since longer wavelengths are towards the red end of the **visible** spectrum, the light from the star will look redder than if it were stationary. 由于更长的波长在可见光谱的红色端，因此恒星发出的光比静止时的看起来更红。

650 **voxel** /ˈvɒksəl/ *n.* 立体像素

⊕ voxel image 立体像素成像 `6频`

例 In CT scanning, we picture the body divided into an array of tiny cubic volumes called **voxels**. 在 CT 扫描中，我们将身体划分为微小立方体的阵列，称之为立体像素。

W

651 **weightless** /ˈweɪtləs/ *adj.* 无重量的；失重的

2 频

🔁 in weightless conditions 在失重条件下

📖 Objects weigh less on the Moon than on the earth, but they are not completely **weightless**, because the moon's gravity is not zero. 物体在月球上的重量要比在地球上的轻，但它们并非完全没有重量，因为月球的引力不为零。

652 **whilst** /waɪlst/ *conj.* 而；当……的时候

2 频

🔄 while

📖 This causes the internal resistance of the battery to increase **whilst** its electromotive force (EMF) stays unchanged. 这导致电池的内阻增加，而其电动势（EMF）保持不变。

653 **widely** /ˈwaɪdli/ *adv.* 广泛地；普遍地；很大程度上

7 频

🔁 a widely held belief 普遍持有的信念

📖 The particles are **widely** separated from one another in gas. 粒子在气体中彼此之间广泛分离。

654 **wire** /ˈwaɪə(r)/ *n.* 金属丝；电线
vt. 用导线给……接通电源

1139 频

🔁 a coil of copper wire 一卷铜丝

📖 A long, thin metal **wire** is suspended from a fixed support and hangs vertically. 一条长而细的金属线悬在一个固定支点上，垂直悬挂着。

655 **wrap** /ræp/ *vt.* 包，裹
　　　　　　　n. 包裹材料

- Ⓘ fold, enclose
- Ⓟ wrap sth. up 圆满完成某事
- Ⓔ **Wrap** your thermistor and its connecting wires in a plastic bag, so that it will not come into contact with the water in the water bath. 将热敏电阻及其连接线包裹在塑料袋中，使得其不会与水浴槽中的水接触。

第二部分

高频专业词汇

第一章

GCSE 高频专业词汇

Foundations of Physics 物理基础

第一小节　Measurements and Experiments
实验测量

扫一扫
听本节音频

001　**quantity** /ˈkwɒntəti/　　　　　*n.* 数量；值，参量

- 🇪 a value or component that may be expressed in numbers
- 🇨 数量即一种可以用数字表示的值或成分。
- 扩 physical quantity 物理量
  - the complete measurement, made up of two parts: a number and a unit
  - 物理量是完整的度量，由一个数字和一个单位两部分组成。

002　**unit** /ˈjuːnɪt/　　　　　　　　　　*n.* 单位

- 🇪 a quantity chosen as a standard in terms of which other quantities may be expressed
- 🇨 单位是作为标准的数量，可以表示其他数量。
- 扩 SI units 国际标准单位
  - The SI unit system is a consistent system of units for use in all aspects of life. They are presented in terms of a set of base units. All other units, described as derived units, are constructed as products of powers of the base units.
  - 国际标准单位是一系列基本标准单位，应用于生活的各个方面，由一组基本单位和基本单位的导出单位构成。
  - base units 基本单位
  - the basic set of SI units from which all other SI units can be derived
  - 基本单位是国际标准单位中的可以导出其他单位的基础单位部分。

003 **rule** /ruːl/   *n.* 尺，直尺，计算尺

🅔 a strip of wood or other rigid material used for measuring length or marking straight lines; a ruler

释 直尺是用来测量长度或标记直线的木条或其他刚性材料，即尺子。

扩 metre rule 米尺
- a device or a type of a ruler that is used to measure the distance and length of different items
- 米尺是用来测量距离或不同物体长度的装置或尺子。

004 **micrometer** /maɪˈkrɒmɪtə(r)/   *n.* 测微计，千分尺

🅔 a gauge which measures small distances or thicknesses between its two faces, one of which can be moved away from or toward the other by turning a screw with a fine thread; It is also called micrometer screw gauge.

释 测微计是一种测量两个面之间的距离或厚度的量规，可通过转动带有细螺纹的螺丝钉使其中一个面远离或朝向另一个面。它又称为螺旋测微器。

005 **vernier** /ˈvɜːnɪə/   *n.* 游标，游标尺

🅔 a small movable graduated scale for obtaining fractional parts of subdivisions on a fixed main scale of a barometer, sextant, or other measuring instruments

释 游标是一种小型可移动的刻度尺，用于在气压计、六分仪或其他测量仪器的固定主刻度上获取细分的微小部分。

扩 vernier calipers 游标卡尺
- a measuring device used to precisely measure linear dimensions by using the vernier scale
- 游标卡尺是用来精确测量线性尺度的测量工具。

006 **stopwatch** /ˈstɒpwɒtʃ/   *n.* （赛跑计时用的）秒表，跑表

🅔 a special watch with buttons that start, stop, and then zero the hands, used to time races

释 秒表是一种特殊的表，其按钮可以启动，停止然后将指针归零，用于比赛计时。

007 **volume** /ˈvɒljuːm/   *n.* 体积

☐ **E** the quantity of space an object takes up
☐ **释** 体积即物体占用的空间量。
☐

008 **density** /ˈdensəti/   *n.* 密度

☐ **E** measure of the mass per unit volume of a substance; It is
☐   calculated like this:
☐

$$\text{density} = \frac{\text{mass}}{\text{volume}}$$

释 密度是物质每单位体积质量的度量。计算公式是：

$$\text{密度} = \frac{\text{质量}}{\text{体积}}$$

009 **beam** /biːm/ **balance**   天平

☐ **E** a balance consisting of a lever with two equal arms and a pan
☐   suspended from each arm
☐ **释** 天平是一种由两臂相等的杠杆和每个臂上悬挂的盘组成的衡器。
   扩 digital balance 电子秤
     • a very sensitive instrument used for weighing substances to the
       milligram
     • 电子秤是用来称重的装置，非常灵敏，可以精确到毫克。

010 **Bunsen** /ˈbʌnsən/ **burner**   本生灯

☐ **E** a gas burner used in the laboratories as a source of heat
☐ **释** 本生灯是实验室中用作热源的气体燃烧器。
☐

011 **tripod** /ˈtraɪpɒd/   *n.* 三脚架

☐ **E** a stand with three legs that is used to
☐   support something
☐ **释** 三脚架是有三个脚的支架，用来支撑东西。

012 **glass tubing** /'tju:bɪŋ/ 玻璃管

- **⒠** a tube made from a high-temperature glass, used to connect other pieces of lab equipment
- **⒭** 玻璃管是用耐高温玻璃做成的管，用于连接其他实验室设备。

013 **goggles** /'gɒglz/ *n.* 护目镜

- **⒠** a pair of glasses that fit closely to the face to protect the eyes from wind, dust, water, etc
- **⒭** 护目镜是一副紧贴脸部的眼镜，以保护眼睛免受风、灰尘、水等的侵害。

扫一扫
听本节音频

第二小节　Experiment 实验

014 **hypothesis** /haɪ'pɒθəsɪs/ *n.* 假设

- **⒠** a prediction of the value or explanation of the result on the basis of limited evidence and conditions
- **⒭** 假设是在有限证据和条件的基础上对数值的预测或对结果的解释。

015 **variable** /'veəriəbl/ *n.* 变量

- **⒠** a quantity that is able to vary in its value
- **⒭** 变量即能够改变其值的数量。
- **⒟** key variable 核心变量
  - the variable that should be considered as a major factor that affects the result of the experiment
  - 核心变量是应视为影响实验结果的主要因素的变量。

016 **independent variable** 自变量

- **⒠** a variable chosen to vary by set amounts; If a graphical method is used, it usually lies on the *x*-axis.
- **⒭** 自变量即被设定要变化的变量。如果使用图解法，则通常位于 *x* 轴上。

017 **dependent variable**　　　　　因变量

- ☐ **Ⓔ** a variable that depends on the independent variable; If a
- ☐ graphical method is used, it usually lies on the y-axis.
- ☐ **㊗** 因变量即根据自变量而变化的变量。如果使用图解法，则通常
位于 y 轴上。

018 **uncertainty** /ʌnˈsɜːtnti/　　　　*n.* 不确定度

- ☐ **Ⓔ** measure of the spread of values which is likely to include the
- ☐ true value
- ☐ **㊗** 不确定度即对可能包含真实值的值的分散性的度量。

019 **significant figure**　　　　　有效数字

- ☐ **Ⓔ** the number of significant figures in a measured or calculated
- ☐ quantity indicates the number of digits that have a meaning
- ☐ and about which we can be certain
- **㊗** 有效数字是指已测量或计算的数量中的有效数字的数量，指的
是具有含义且可以确定的位数。

020 **parallax** /ˈpærəlæks/ **error**　　　　视差

- ☐ **Ⓔ** errors due to incorrect line of sights
- ☐ **㊗** 视差是由于视线不正确引起的误差。
- ☐

021 **anomaly** /əˈnɒməli/ (**anomalous** /əˈnɒmələs/ **result**)　　　　　*n.* 异常值

- ☐ **Ⓔ** a result which seems to be a mistake; It usually deviates
- ☐ from the other results or the correlation that the others have
- ☐ shown.
- **㊗** 异常值（异常结果）即似乎是错误的结果，它通常偏离其他结
果或其他结果显示的相关性。

第二节

Mechanics and Materials 机械与材料学

扫一扫
听本节音频

第一小节　Forces and Motion 力与运动

022　distance /ˈdɪstəns/   *n.* 距离；路程

  E the length of the route that an object has travelled through; Sometimes it can also be interpreted as the length of the straight line connecting the initial and the final position of a motion.

  释 距离是物体经过的路径的长度。有时它也可以解释为连接运动的起始点和终点的直线的长度。

023　speed /spiːd/   *n.* 速率

  E the distance travelled by an object per unit time

  释 速率即一个物体在单位时间内移动的距离。

  扩 average speed 平均速率

    • average speed is calculated like this:

$$\text{average speed} = \frac{\text{total distance travelled}}{\text{total time taken}}$$

    • 平均速率的计算公式是：

$$平均速率 = \frac{总路程}{总时间}$$

024　displacement /dɪsˈpleɪsmənt/   *n.* 位移

  E the change in position of an object

  释 位移即物体位置的变化。

025 **velocity** /vəˈlɒsəti/   *n.* 速度

- ▣ the speed of an object with a specific direction
- 釋 速度即具有特定方向的物体的速率。

026 **acceleration** /əkˌseləˈreɪʃn/   *n.* 加速度

- ▣ A velocity measures the rate that the velocity of an object changes with time.
- 釋 加速度是测量物体速度随时间变化的速度。
- 扩 average acceleration 平均加速度

  • the average acceleration can be calculated like this:

  $$\text{average acceleration} = \frac{\text{change in velocity}}{\text{time taken}}$$

  • 平均加速度的计算公式是：

  $$平均加速率 = \frac{速度变化}{所用时间}$$

027 **deceleration** /ˌdiːseləˈreɪʃn/   *n.* 减速度

- ▣ an acceleration which makes the speed of an object decrease; a negative acceleration
- 釋 减速度是物体速度降低的加速度，即负加速度。

028 **uniform** /ˈjuːnɪfɔːm/   *adj.* 完全一样的，不变的

- ▣ not changing in form or character; remaining the same in all cases and at all times
- 釋 完全一样的即形式或特征不变，始终保持相同。
- 扩 motion with uniform velocity 匀速运动

  • the motion of an object during which its velocity remains constant
  • 均速运动是物体的速度保持不变的运动。

029 **force** /fɔːs/   *n.* 力

- ▣ a push or pull, exerted by one object on another; It is an influence tending to change the motion of a body or produce motion or stress in a stationary body.
- 釋 力是一个物体施加在另一物体上的推力或拉力，是由改变物体的运动或在静止的物体中产生运动或压力产生的影响。

030 **tension** /'tenʃn/   *n.* 张力，拉力

☐ **🇪** the force in a stretched material
☐ **释** 张力是在拉伸运动中产生的力。
☐

031 **upthrust** /'ʌpθrʌst/   *n.* 浮力

☐ **🇪** the upward force from a liquid (or gas) that makes some
☐   things float
☐ **释** 浮力是来自液体（或气体）的使物体漂浮的向上力。

032 **weight** /weɪt/   *n.* 重力

☐ **🇪** the force exerted on the mass of an object by the earth
☐ **释** 重力即地球施加到物体质量上的力。
☐ **近** gravity *n.* 重力，（万有）引力（= gravitational force）

- the attractive force existed between massive objects; It is the
weakest of the four fundamental forces
- 它是巨大质量物体间的引力，是四个基本力中最弱的一个。

033 **friction** /'frɪkʃn/   *n.* 摩擦力

☐ **🇪** the force that opposes the motion of one material sliding (or
☐   tending to slide) past another
☐ **释** 摩擦力是阻碍一种材料在另一种材料上滑动（或趋于滑动）的力。

扩 static friction 静摩擦

- the friction that exists between a stationary object and the surface
on which it's resting
- 静摩擦是一个物体与另一个在其表面上的静止物体之间的
摩擦。

dynamic friction 动摩擦

- the friction that exists between two objects that moves relatively to
each other
- 动摩擦是彼此接触的两个物体之间有相对运动时的摩擦。

034 **stationary** /'steɪʃənri/   *adj.* 静止的，不动的

☐ **🇪** not moving or not intended to be moved
☐ **释** 静止的即不移动或没有开始运动的趋势的。
☐ **近** rest *n.* 静止，停止

- a motionless state
- 静止即一种不动的状态。

035 inertia /ɪˈnɜːʃə/   *n.* 惯性

- 🇬🇧 the resistance to change in the velocity, a property of matter by which it continues in its existing state of rest or uniform motion in a straight line, unless that state is changed by an external force
- 🇨🇳 惯性是对速度变化的阻力，这是物质的一种特性。除非被外力干扰，否则物质会通过这种特性一直保持其现有的静止状态或匀速直线运动。

036 resultant /rɪˈzʌltənt/   *adj.* 因而发生的，从而产生的

- 🇬🇧 occurring or produced as a result or consequence of something
- 🇨🇳 因而发生即由于某事的结果或后果而发生或产生的。
- 🔧 resultant/net force 合力
  - a force which is equivalent to the combined effect of two or more component forces acting on the same object
  - 合力是两个或两个以上的分力共同作用在同一物体上的力。

037 gravitational /ˌɡrævɪˈteɪʃnəl/   *adj.* （万有）引力的

- 🇬🇧 connected with or caused by the force of gravity
- 🇨🇳 （万有）引力的即与地心引力有关的或由地心引力引起的。
- 🔧 gravitational field 重力场
  - a region in which a mass experiences a force due to gravitational attraction
  - 重力场是一个区域，在该区域中，由于万有引力的作用，有质量的物体会受到力的作用。

038 resolve /rɪˈzɒlv/   *v.* 分解

- 🇬🇧 analyse (a force or velocity) into components acting in particular directions, usually at right angles to each other
- 🇨🇳 分解即把（力或速度）分解为特定方向的分力或速度，分解的两个方向通常互相垂直。

039 centripetal /ˌsentrɪˈpiːtl/   *adj.* 向心的

- 🇬🇧 moving or tending to move towards a centre
- 🇨🇳 向心的即向中心移动或趋向于向中心移动的。
- 🔧 centripetal force 向心力

- the inward resultant force needed to make an object move in a circle
- 向心力是使物体圆周运动所需的向内合力。

反 centrifugal *adj.* 离心的

- moving or tending to move away from a centre
- 离心的即离开或倾向于离开中心的。

---

040 **moment** /'məʊmənt/   *n.* 力矩

☐
☐
☐

E the turning effect produced by a force acting at a distance on an object

释 力矩是由远距离作用在物体上的力产生的转向效果。

同 torque *n.* 力矩

---

041 **equilibrium** /ˌiːkwɪˈlɪbriəm/   *n.* 平衡

☐
☐
☐

E a state in which opposing influences on an object are balanced

释 平衡是一种状态，在这种状态中，对一个物体的相对影响是平衡的。

近 stable *adj.* 稳定的，不易起变化的

- not liable to undergo changes, such as chemical decomposition, radioactive decay, or other physical changes
- 稳定的即不容易发生变化的，如化学分解、放射性衰变及其他物理变化。

---

042 **momentum** /məˈmentəm/   *n.* 动量

☐
☐
☐

E the quantity of motion of a moving object, measured as a product of its mass and velocity

释 动量是运动的物体的量，即物体的质量和运动速度的乘积。

---

043 **impulse** /'ɪmpʌls/   *n.* 冲量

☐
☐
☐

E the change of momentum, equivalent to the product of the average force and the time during which it acts

释 冲量是动量的变化，即平均力与其作用时间的乘积。

扫一扫
听本节音频

044　**deformation** /ˌdiːfɔː'meɪʃn/　　　　*n.* 变形

🇬🇧 the process of changing the shape of an object

🈯 变形即改变物体形状的过程。

045　**elastic** /ɪ'læstɪk/　　　　*adj.* 有弹性的

🇬🇧 able to return to its original shape after being compressed or stretched

🈯 有弹性的即在压缩或拉伸后能够恢复其原始形状的。

🔗 elastic limit 弹性极限

- the maximum extent to which a solid may be stretched without permanent deformation
- 弹性极限是固体可拉伸但不会永久变形的最大程度。

046　**plastic** /'plæstɪk/　　　　*adj.* 可塑的；塑性的

🇬🇧 easily shaped or moulded

🈯 可塑的即容易固定成型的。

047　**load** /ləʊd/　　　　*n.* （弹簧上的）负荷

🇬🇧 the force applied to the spring

🈯 （弹簧上的）负荷即施加到弹簧上的力。

048　**extension** /ɪk'stenʃn/　　　　*n.* 伸长量，延展量

🇬🇧 the difference between the stretched length and the unstretched length of an object

🈯 伸长量即物体的拉伸长度和未拉伸长度之间的差。

049 pressure /ˈpreʃə(r)/   *n.* 压强

- ☐
- ☐
- ☐

E the force per unit area exerted on or against an object by something in contact with it

释 压强是物体接触另一物体时对这一物体施加或作用在其每单位面积上的力。

扩 atmospheric pressure 大气压

- the weight of the atmosphere on a surface of unit area at sea level
- 大气压即在海平面上的单位面积表面的空气重量。

050 hydraulic /haɪˈdrɒlɪk/   *adj.* 水（液）压的

- ☐
- ☐
- ☐

E relating to the motion of liquid in a confined space under pressure

释 水（液）压的即与液体在受限空间内压强下的运动有关的。

扩 hydraulic brakes 液压制动器

- a set of braking mechanism which uses brake oils for reducing the speed or stopping the vehicle completely
- 液压制动器是利用制动液降低车辆速度或让其彻底停下来的一系列制动机制。

hydraulic jack 液压千斤顶

- a device used to lift heavy loads by applying a small force via a hydraulic cylinder
- 液压千斤顶是借助液压缸的力量使用小利器就能撑起重物的装置。

051 barometer /bəˈrɒmɪtə(r)/   *n.* 气压计

- ☐
- ☐
- ☐

E an instrument that measures the atmospheric pressure

释 气压计即测量大气压的仪器。

052 manometer /məˈnɒmɪtə/ *n.* （流体）压力计，测压计，常为带刻度的 U 形管

- ☐
- ☐
- ☐

E an instrument that measures the difference between the pressure of fluid acting in the two arms of the U-shaped tube; The pressure difference is represented by the different height of fluid in the two arms.

释 （流体）压力计是一种仪器，用于测量作用在 U 形管的两个臂中的流体之间的压强差。压强差由两个臂中流体的不同高度表示。

第三小节　Forces and Energy 力与能量

053 work /wɜːk/　　　　　　　　　　　　　　　*n.* 功；做功

☐
☐
☐

🇪 work is done when a force moves an object through a displacement along the direction of that force; It is calculated using this equation: work = force × moving distance

译 当一个力使物体在力的方向上发生位移时，就是做功。计算公式是：功 = 力 × 沿力方向移动的距离

054 energy /ˈenədʒi/　　　　　　　　　　　　　　*n.* 能量

☐
☐
☐

🇪 the property of matter which is defined as the capability to do work

译 能量即物体做功能力的物质性质。

扩 kinetic energy 动能

- the form of energy due to the motion of object
- 动能即与物体运动相关的能量形式。

potential energy 势能

- the form of energy due to the position or condition of an object
- 势能即与物体的位置或状况相关的能量形式。

gravitational potential energy 重力势能

- the form of energy due to the capability of doing work by the gravitational force
- 重力势能即与重力做功能力相关的能量形式。

elastic potential energy (elastic strain energy) 弹性势能

- the form of energy due to the capability of doing work by the elastic force, such as the forces in deformed spring or rubber band which try to return to their original shape
- 弹性势能即与弹力做功能力相关的能量形式，例如变形弹簧或橡皮筋中试图恢复其原始形状的力。

chemical (potential) energy 化学（势）能

- the form of energy stored in the fuels (chemical bonds)
- 化学（势）能即存储在燃料中的能量形式（化学键）。

electrical (potential) energy 电（势）能

- the form of energy stored in the flow of charged particles (current) in circuits
- 电（势）能即存储在电路中带电粒子流（电流）中的能量形式。

thermal energy 热能

- the form of energy transferred when the molecules or atoms in a substance speed up or slow down; It is also called internal energy or heat.
- 热能是一种物质中的分子或原子加速或减速时传递的能量形式，也称为内能或热量。

055 **joule** /dʒuːl/   *n.* 焦耳（能量或功的单位）

E the SI unit of work or energy transfer; One joule of work is equivalent to the amount of work done by a force of one newton when the object moves one metre in the direction of the force.

释 焦耳是做功或能量传输的国际单位。一焦耳的做功量等于当物体沿力方向移动一米时一牛顿的力做的功。

056 **power** /'paʊə(r)/   *n.* 功率

E the rate of doing work
释 功率即做功的速率。

057 **watt** /wɒt/   *n.* 瓦（功率的单位）

E the SI unit of power; One watt is equivalent to one joule of energy transferred in one second.

释 瓦是功率的国际单位。一瓦等于一秒钟内传递的一焦耳能量。

058 **efficiency** /ɪ'fɪʃnsi/   *n.* 效率

E The percentage of the energy supplied to the device which is usefully transferred. It can be calculated like this:

$$efficiency = \frac{useful\ energy\ output}{total\ energy\ input} \times 100\%$$

$$= \frac{useful\ power\ output}{total\ power\ input} \times 100\%$$

释 效率即有效传递给设备的能量的百分比。计算公式是：

$$效率 = \frac{有用能量输出}{总能量输入} \times 100\%$$

$$= \frac{\text{有用功率输出}}{\text{总功率输入}} \times 100\%$$

059 **renewable** /rɪˈnjuːəbl/   *adj.* 可再生的

☐
☐ **Ⓔ** not depleted when used
☐ **釋** 可再生的即用之不竭的。
扩 renewable energy source 可再生能源
- the form of energy that cannot be exhausted, such as solar energy, wind energy, geothermal energy, etc.
- 可再生能源即太阳能、风能、地热能等用之不竭的能源。
反 non-renewable energy source 不可再生能源
- the form of energy that will run out, such as fossil fuels, nuclear fuels, etc
- 不可再生能源即化石燃料，核燃料等可用尽的能源。

060 **radioactive** /ˌreɪdiəˈæktɪv/   *adj.* 放射性的

☐ **Ⓔ** relating to the emission of ionizing radiation or particles
☐ **釋** 放射性的即与散发电离辐射或粒子有关的。
☐ **扩** radioactive waste 放射性废料，核污染
- the material that is either intrinsically radioactive, or has been contaminated by radioactivity, and that is deemed to have no further use
- 放射性废料是本身具有放射性或被放射物质污染且不再有用途的材料。

061 **hydroelectric** /ˌhaɪdrəʊˈlektrɪk/   *adj.* 水力发电的

☐ **Ⓔ** relating to the generation of electricity by transferring
☐ mechanical energy of the flowing water into the electrical
☐ energy, usually achieved by using turbines in the reservoir
釋 水力发电的即将水流的机械能转换为电能来发电的方式，水力发电通常是使用水库中的涡轮机来实现。

062 **tidal** /ˈtaɪdl/   *adj.* 潮汐的；受潮汐影响的

☐ **Ⓔ** of, relating to, or affected by tides
☐ **釋** 潮汐的即与潮汐有关或受潮汐影响的。
☐

063 **solid** /'sɒlɪd/   *n.* 固体

Ⓔ Solids have fixed shape and volume, the particles in solids are held together closely by strong attractional forces (bonds).

㉓ 固体具有固定的形状和体积，固体中的颗粒通过强大的吸引力（键）紧密结合在一起。

064 **liquid** /'lɪkwɪd/   *n.* 液体

Ⓔ Liquids have fixed volume but can flow to fill any shape.

㉓ 液体具有固定的体积，但可以流动来填充任何形状。

065 **gas** /gæs/   *n.* 气体

Ⓔ Gases do not have fixed shape or volume, they can quickly fill any shape available.

㉓ 气体没有固定的形状或体积，可以迅速填充任何可用的形状。

066 **Celsius** /'selsɪəs/   *adj.* 摄氏的

Ⓔ relating to a scale of temperature on which pure water freezes at 0°C and boils at 100°C under standard conditions

㉓ 摄氏的即与在标准条件下纯水在 0°C 冻结并在 100°C 沸腾的温度计量标准有关的。

㊊ the Celsius scale 摄氏温标

- the temperature scale on which pure water freezes at 0°C and boils at 100°C under standard conditions
- 摄氏温标是在标准大气压下纯水结冰点是 0°C、沸腾点是 100°C 的温标。

degree Celsius 摄氏度（℃）

- the unit of the temperature measured in the Celsius scale
- 摄氏度是在摄氏温标中测量温度的单位。

067 **thermometer** /θəˈmɒmɪtə(r)/   *n.* 温度计

英 an instrument for measuring and indicating temperature

释 温度计是一种用于测量和指示温度的仪器。

068 **Kelvin scale** /skeɪl/   开尔文温标

英 relating to a scale of temperature on which particles in any substance will have zero internal energy at 0 kelvin; The Kelvin scale is also called the absolute scale of temperature.

释 开尔文温标是一种温度计量标准，在该温度计量方法中，任何物质中的粒子在 0 开尔文温度下的内能都为零。 开尔文温标也称为绝对温标。

069 **calibrate** /ˈkælɪbreɪt/   *v.* 校准；标定

英 put a scale to an instrument so that it gives out accurate readings

释 校准即给仪器设定计量标准，以便给出准确的读数。

070 **bimetal** /ˈbaɪˌmetəl/ **strip** /strɪp/
（恒温器中常用的）双金属片

英 consist of two bands of different metals joined lengthwise; Due to the fact that different metals expand at different rates, the bimetal strip will bend when heated.

释 （恒温器中常用的）双金属片由直向连接的两个不同的金属片组成。 由于不同的金属以不同的速度膨胀，双金属片在加热时会弯曲。

071 **thermostat** /ˈθɜːməstæt/   *n.* 恒温器

英 a device that can keep a steady temperature

释 恒温器是 一种可以保持温度恒定的设备。

072 (thermal /ˈθɜːml/) conduction   *n.* （热）传导

ᴱ the process by which the thermal energy is directly transmitted through the material of a substance from the hot end to the cold end

释 （热）传导是将热能直接通过物质的材料从热端传递到冷端的过程。

073 convection /kənˈvekʃn/   *n.* 对流

ᴱ the process by which the thermal energy is transferred from one place to another via the free circulation of the substance, usually of liquids or gases

释 对流是通过物质（通常是液体或气体）的自由循环将热能从一个地方转移到另一个地方的过程。

074 thermal radiation /ˌreɪdiˈeɪʃn/   热辐射

ᴱ the transmission or emission of energy as electromagnetic waves

释 热辐射是指以电磁波的形式来传输或者发射能量。

075 infrared /ˌɪnfrəˈred/   *n.* 红外线

ᴱ the electromagnetic radiations with frequency just less than that of the red end of the visible light spectrum but greater than that of the microwaves; Infrared is emitted particularly by heated objects.

释 红外线是一种电磁辐射，其频率略低于可见光光谱的红端，但高于微波。红外线主要是由被加热的物体发出的。

076 evaporation /ɪˌvæpəˈreɪʃn/   *n.* 蒸发

ᴱ the process by which substances turn from liquid into vapour

释 蒸发即物质从液体变为气体的过程。

077 **boil** /bɔɪl/   v. （液体）沸腾，达到沸点

- 🄴 rapidly evaporate when the liquid is heated to the temperature at which it bubbles and turn into vapour
- 🄡 （液体）沸腾即把液体加热到冒泡并变成气态的温度。
- 🄵 boiling point 沸点
  - the temperature at which the liquid changes into a vapour
  - 沸点是液体转变为蒸气时的温度。

078 **refrigerant** /rɪ'frɪdʒərənt/   n. 制冷剂

- 🄴 the substance used to take thermal energy away from the food and air in the refrigerator by evaporation
- 🄡 制冷剂是一种通过蒸发从食物和冰箱里的空气中带走热能的物质。

079 **condensation** /ˌkɒndən'seɪʃn/   n. （气体的）冷凝，凝结

- 🄴 the process of the conversion of a vapour or gas to a liquid, during which the vapour or gas becomes denser
- 🄡 （气体的）冷凝是将蒸汽或气体转化为液体的过程，在此过程中，蒸汽或气体的密度增大。

080 **heat (thermal** /'θɜːml/**) capacity**   热容

- 🄴 the heat required to raise the temperature of a given substance by one degree
- 🄡 热容是将给定物质的温度升高一度所需的热量。
- 🄵 specific heat capacity 比热容
  - the heat required to raise the temperature of the unit mass of a given substance by one degree
  - 比热容是使单位质量的给定物质的温度升高一度所需要的热量。

081 **latent** /'leɪtnt/   adj. 潜在的，隐藏的

- 🄴 existing but not yet developed or manifest; hidden, concealed
- 🄡 潜在的即存在但尚未发展或显现的；隐藏的，隐蔽的。

082 **latent** /'leɪtnt/ **heat**

潜热

ᴇ the heat required to convert a solid into liquid or vapour, or a liquid into a vapour, without change of temperature

译 潜热是在不改变温度的情况下将固体转变为液体或气体，或将液体转变为气体所需的热量。

扩 latent heat of fusion 熔化潜热

- the heat required to convert a solid into a liquid without change of temperature
- 熔化潜热即在恒定温度下，固态转变为液态所需要的热量。

latent heat of vaporization 蒸发潜热

- the heat required to convert a liquid into a vapour without change of temperature
- 蒸发潜热即在恒定温度下，固态转变为气态时所需要的热量。

第四节

Waves 波

第一小节 Waves Basics and Sound Waves 波的基础与声波

扫一扫
听本节音频

---

083 medium /ˈmiːdiəm/   *n.* 介质

B the substance through which the mechanical waves are transmitted

释 介质即机械波传播所通过的物质。

---

084 progressive /prəˈgresɪv/ **wave**   行波

B a disturbance which carries energy from one place to another without transferring matter

释 行波是一种将能量从一个地方携带到另一个地方而不转移物质的扰动。

---

085 oscillation /ˌɒsɪˈleɪʃn/   *n.* 振动

B the motion in which the position of objects varies in a regular manner around an equilibrium position

释 振动是物体的位置围绕平衡位置以规则的方式变化的运动。

近 vibration *n.* 振动

- an oscillation of the parts of a fluid or an elastic solid whose equilibrium has been disturbed or of an electromagnetic wave
- 振动是流体或者弹性固体的部分在平衡位置附近做往复运动或是电磁波的摆动。

---

086 transverse /ˈtrænzvɜːs/   *adj.* 横的，横向的，横断的

B situated or extending across something

释 横的即位于某处或跨越某处。

扩 transverse wave 横波

- the waves in which the oscillations are perpendicular to the direction of wave propagation
- 横波是传播方向与振动方向垂直的行波。

087 **longitudinal** /ˌlɒŋɡɪ'tjuːdɪnl/   *adj.* 纵向的

- **E** running lengthwise rather than across
- **释** 纵向的即纵向而不是横跨。
- **扩** longitudinal wave 纵波
  - the waves in which the oscillations are parallel to the direction of propagation
  - 纵波是传播方向与振动方向平行的行波。

088 **compression** /kəm'preʃn/   *n.* （纵波里的）密部

- **E** the region in the longitudinal waves where the oscillating particles are mostly compressed with the highest pressure
- **释** （纵波里的）密部是纵波中振动粒子压强最高且最致密的区域。

089 **rarefaction** /ˌreərɪ'fækʃn/   *n.* （纵波里的）疏部

- **E** the region in the longitudinal waves where the oscillating particles are mostly expanded with the lowest pressure
- **释** （纵波里的）疏部是纵波中振动粒子压强最低且最稀疏的区域。

090 **wavelength** /'weɪvleŋθ/   *n.* 波长

- **E** the distance between any adjacent points that are equivalent in a wave
- **释** 波长是波中完全相等的任何相邻点之间的距离。

091 **frequency** /'friːkwənsi/   *n.* 频率

- **E** the number of waves passing through any point in unit time
- **释** 频率是单位时间经过任一点的波的个数。

092 **amplitude** /'æmplɪtjuːd/   *n.* 振幅

- **E** the maximum displacement that a particle travels from its equilibrium position
- **释** 振幅是振动粒子所走过的以平衡位置为起点的最大位移。

093 **phase** /feɪz/   *n.* 相位

E the stage a given point on a wave is through a complete cycle; It is measured in angle units, as a complete cycle is considered to have a phase of 2π.

释 相位是在一个完整振动周期内，波上的某粒子所处的位置或阶段。相位是以角度为单位进行测量的，一个完整的周期所对应的相位为 2π。

094 **(cathode** /ˈkæθəud/ **ray) oscilloscope** /ˌɒsɪˈleɪʃn/   *n.* （阴极射线）示波器

E a device for viewing oscillations by a display on the screen of a cathode ray tube

释 （阴极射线）示波器是通过阴极射线管屏幕上的显示器来观察振动的装置。

095 **echo** /ˈekəu/   *n.* 回声

E a sound or series of sounds caused by reflection of sound waves from a surface back to the listener

释 回声是由声波从表面反射回听者而产生的声音或一系列声音。

096 **pitch** /pɪtʃ/   *n.* 音高；音调高低

E the quality of a sound governed by the rate of vibrations producing it; the degree of highness or lowness of a tone

释 音高是由产生声音的频率所决定的声音质量；音调高或低的程度。

扩 high/low pitch 高 / 低音

097 **octave** /ˈɒktɪv/   *n.* 八度音阶

E a series of eight notes occupying the interval between two notes, one having twice or half the frequency of oscillation of the other

释 八度音阶即两组音之间的一系列八个音符，其中一组的振荡频率是另一组的两倍或一半。

098 **timbre** /ˈtæmbə(r)/

n. 音色，音质

- ☐ 🇪 the character or quality of a musical sound or voice as distinct
- ☐   from its pitch and intensity
- ☐ 🇨 音色是一种音乐声音的特征或性质，与它的音高和强度不同。

099 **ultrasound** /ˈʌltrəsaʊnd/

n. 超声波

- ☐ 🇪 sounds above the range of human hearing is called ultrasound
- ☐ 🇨 超声波是超出人类听觉范围的声音。
- ☐

第二小节   Light Rays and Lenses
              光线与透镜

扫一扫
听本节音频

100 **luminous** /ˈluːmɪnəs/

adj. 光亮的，（自己）发光的

- ☐ 🇪 bright, especially in the dark, relating to the objects that can
- ☐   emit their own (visible) lights
- ☐ 🇨 光亮的即明亮的，尤指在黑暗中，与自身能发出（可见）光的
    物体相关的。

101 **wavefront** /ˈweɪvˌfrʌnt/

n. 波阵面，波前

- ☐ 🇪 a line on which the disturbance has the same phase at all
- ☐   points
- ☐ 🇨 波阵面是在所有点上扰动具有相同相位的一条线。

102 **ray** /reɪ/

n. 光线

- ☐ 🇪 line perpendicular to the wave fronts, indicating the direction
- ☐   of propagation of the wave
- ☐ 🇨 光线是一条垂直于波阵面的线，表示光波的传送方向。

103 **laser** /'leɪzə(r)/   *n.* 激光

☐ **ⓔ** a beam of intense light of a single wavelength and colour

☐ **释** 激光是一束具有单一波长和颜色的强光。

☐ **扩** monochromatic light 单色光

- the laser light that has a single wavelength
- 单色光是具有单一波长的激光。

104 **image** /'ɪmɪdʒ/   *n.* 镜像

☐ **ⓔ** an optical appearance produced by light from an object reflected in a mirror or refracted through a lens

☐ **释** 镜像是由物体的光在镜中反射或通过透镜折射产生的光学影像

☐ **扩** real image 实像

- the images where light actually converges
- 实像是能实际收敛光的图像。

virtual image 虚像

- the images from where light appears to have converged
- 虚像是似乎已经收敛光的图像。

105 **reflection** /rɪ'flekʃn/   *n.* （波的）反射

☐ **ⓔ** the throwing back of wave by the surface of a body or the boundary between different media; In the reflection of wave, the angle of incidence and the angle of reflection are always equal.

☐ **释** （波的）反射是物体表面或不同介质之间的边界所造成的波的回射。在波的反射中，入射角和反射角始终相等。

106 **refraction** /rɪ'frækʃn/   *n.* 折射

☐ **ⓔ** the change of direction of the wave propagation when the waves travel from a medium into another with different wave speed

☐ **释** 折射是当波从一个介质以不同的波速传播到另一介质时，波传播方向发生变化的现象。

107 refractive /rɪˈfræktɪv/ index /ˈɪndeks/ 折射率

🇪 the refractive index of a medium is calculated like this:

$$\text{refractive index} = \frac{\text{speed of light in vacuum}}{\text{speed of light in medium}}$$

🈺 一种介质的折射率的计算公式是：

$$\text{折射率} = \frac{\text{真空中的光速}}{\text{介质中的光速}}$$

108 diffraction /dɪˈfrækʃn/ · n. 衍射

🇪 the spreading of waves when travelling through a gap or round an edge of a substance

🈺 衍射是指穿过间隙或围绕物质边缘传播时波的发散。

109 prism /ˈprɪzəm/ · n. 棱镜

🇪 an object made of transparent substance in a form such that it can separate white light into a spectrum of colours

🈺 棱镜是由透明物质制成的物体，它可以将白光分离为多种颜色。

110 dispersion /dɪˈspɜːʃn/ · n. 色散

🇪 the separation of white light into colours or of any radiation according to wavelength

🈺 色散是将白光分离为不同颜色或根据波长将辐射分散。

111 total internal reflection 全（内）反射

🇪 the complete reflection of a light ray reaching an interface with a less dense medium from a denser medium when the angle of incidence is greater than the critical angle

🈺 全（内）反射是当光线从密度较大的介质到达密度较小的介质的界面，入射角大于临界角时所发生的完全反射。

112 **critical** /ˈkrɪtɪkl/ **angle**   临界角

E the angle of incidence beyond which light rays reaching the interface with a less dense medium are no longer refracted but totally internally reflected

释 临界角是入射角之外光线以较小密度到达交界面不再折射而是完全内部反射的角。

113 **periscope** /ˈperɪskəʊp/   n. 潜望镜

E an optical device consisting of a series of mirrors or prisms, used for viewing objects (typically in a submerged submarine or behind a high obstacle) that are out of sight

释 潜望镜是一种由一系列反射镜或棱镜组成的光学设备，用于观察超出视线外的物体（通常是在水下潜水艇中或高障碍物后面）。

114 **binoculars** /bɪˈnɒkjələz/   n. 双筒望远镜

E an optical instrument with a lens for each eye, used for viewing distant objects

释 双筒望远镜是一种光学仪器，每支筒都有一个透镜，用来观察远处的物体。

115 **optical** /ˈɒptɪkl/ **fibre** /ˈfaɪbə(r)/   光纤

E a long, thin strands of glass in which the digital signals can be transmitted in the form of pulses of light

释 光纤是一种长而薄的玻璃纤维，其中的数字信号可以用脉冲的形式传输。

116 **endoscope** /ˈendəskəʊp/   n. 内腔镜

E an instrument which can be introduced into the human body to give a view of the internal parts

释 内腔镜是一种可以进入人体观察内部器官的仪器。

117 lens /lenz/   *n.* 透镜

- **E** a transparent object that can either converge or diverge the direction of travel of light
- **释** 透镜是一种透明的物体，可以使光的传播方向聚合或发散。
- **扩** convex lens 凸透镜
  - the lens that are thickest in the middle but thin round the edge; It is used to converge the light.
  - 凸透镜是中间最厚、边缘薄的透镜，用来汇聚光线。

  concave lens 凹透镜
  - the lens that are thin in the middle but thick round the edge; It is used to diverge the light.
  - 凹透镜是中间薄而边缘厚的透镜，用来分散光线。

118 principal axis /'æksɪs/   主光轴

- **E** a line passing through the centre of curvature of a lens
- **释** 主光轴是通过透镜曲率中心的一条线。

119 optical /'ɒptɪkl/ centre   光心

- **E** the centre of lens
- **释** 光心就是透镜的中心。

120 principal focus   主焦点

- **E** the point along the principal axis at which the converging light rays meet, or the point from which the diverging light rays appears to meet
- **释** 主焦点是在主轴上汇聚光线的交点，或者说是发散光线看似相交的点。
- **同** focal point 焦点

121 focal /'fəʊkl/ length   焦距

- **E** the distance between the optical centre of the lens and the principal focus
- **释** 焦距是透镜的光心与主焦点之间的距离。

122 **objective** /əbˈdʒektɪv/   *n.* 物镜

☐
☐
☐

ⓔ the lens in a telescope or microscope nearest to the object observed; In the telescope, an objective lens forms a real image of a distant object.

释 （望远镜或者显微镜中的）物镜是望远镜或显微镜中最接近被观察到的物体的镜头。在望远镜里，物镜形成一个遥远物体的真实图像。

123 **eyepiece** /ˈaɪpiːs/   *n.* 目镜

☐
☐
☐

ⓔ the lens in a telescope or microscope nearest to the eye; In the telescope, an eyepiece forms a magnified virtual image of the real image formed by the object.

释 目镜是望远镜或显微镜中距眼睛最近的镜头。在望远镜中，目镜形成由物体形成的真实图像的放大虚像。

第三小节　Electromagnetic Waves and Telecommunication 电磁波与通信

扫一扫
听本节音频

124 **electromagnetic** /ˌɪlektrəʊmægˈnetɪk/ **wave**
电磁波

☐
☐
☐

ⓔ one of the waves including visible light, radio waves, gamma rays and *X*-rays that are propagated by the simultaneous variations of electric and magnetic fields

释 电磁波是一种波，包括可见光、无线电波、伽马射线和 *X* 射线，是由电场和磁场同时变化而传播的。

125 **fluorescence** /ˌflʊəˈresəns/   *n.* 荧光

☐
☐
☐

ⓔ the electromagnetic waves (usually visible) emitted by certain substances as a result of absorbing other forms of energies then glow

释 荧光是某些物质吸收其他形式的能量后发出的电磁波（通常是可见的）。

126 **electromagnetic** /ɪˌlektrəʊmægˈnetɪk/ **spectrum**
/ˈspektrəm/
电磁波谱

☐
☐ **Ｅ** the range of wavelengths or frequencies over which electromagnetic waves extend
☐ **释** 电磁波谱即电磁波延伸所至的波长或频率范围。

扩 radio wave 无线电波
- used for long-distance communication
- 无线电波即用于远程通信的电波。

microwave *n.* 微波
- radio wave that has the highest band of frequencies, used in radar, mobile phones, TV and satellite communications, and for heating in microwave ovens
- 微波是具有最高频段的无线电波，用于雷达，手机，电视和卫星通信，以及用于微波炉的加热。

ultraviolet *n.* 紫外线
- an electromagnetic radiation situated beyond the visible light spectrum at its violet end; It has higher frequencies than the violet light; It can cause tanning, skin cancer, fluorescence. It is also usually used to kill bacteria.
- 紫外线是位于可见光谱紫色末端之外的电磁辐射。它具有比紫光更高的频率；会导致晒黑，皮肤癌，有荧光作用；也通常用于杀菌。

X-ray *n.* X 射线，X 光
- an electromagnetic radiation that has higher frequency than the ultraviolet; It can be absorbed or penetrate through some watery tissues or solids, hence is widely used in medical imaging and security scanning machines.
- X 射线是一种电磁波，其频率比紫外线高。它可以被一些含水的组织或物体吸收或穿透，因此广泛用于医学成像和安检扫描仪中。

gamma ray 伽马射线
- an electromagnetic radiation that has higher frequency than the *X*-ray; It can also be used in medical imaging, as well as in the treatment of cancer due to its high energy.
- 伽马射线是一种电磁辐射，其频率高于 X 射线。由于它的高能量，它也可以用于医学成像以及癌症的治疗。

127 **encoder** /ɪnˈkəʊdə/
n. 编码器

☐
☐ **Ｅ** an electronic device that can convert the incoming information into a coded signal (electric signal) that can be transmitted, such as the microphone
☐

® 编码器是一种电子设备，可以将传入信息转换为可以传输的编码信号（电信号），例如麦克风。

128 **decoder** /diːˈkəʊdə(r)/   *n.* 译码器

® an electronic device that converts a coded signal (electric signal) into other useful information

® 译码器是一种将编码信号（电信号）转换为其他有用信息的电子设备。

129 **analogue** /ˈænəlɒg/   *adj.* 模拟式的

® relating to the signals that are represented by a continuously varying physical quantity

® 模拟式的即有关连续变化的物理量所表示的信号的。

® analogue signal 模拟信号

- the signals that are represented by a continuously varying quantity, usually the voltage
- 模拟信号是用连续变化的量表示的信号，通常是电压。

130 **digital** /ˈdɪdʒɪtl/   *adj.* 数字式的

® relating to the signals that are represented by discrete values of a physical quantity

® 数字式的即有关物理量的离散值所表示的信号的。

® digital signal 数字信号

- the signals that are represented by two possible values, usually 0 and 1
- 数字信号是用两个可能的值表示的信号，通常是 0 和 1。

131 **binary** /ˈbaɪnəri/   *adj.* 二进制的

® relating to the system that has 2 as the base of its numerical notation

® 二进制的即有关以 2 为基数的计数系统的。

132 **attenuation** /əˌtenjuˈeɪʃn/   *n.* 减弱

® reduction of the power of the signal (as the signal travels along)

® 减弱即信号功率的降低（随着信号的传播）。

第五节

Electricity and Magnetism 电磁学

扫一扫
听本节音频

第一小节　Electricity 电学

133　charge /tʃɑ:dʒ/　　　　　　　　　*n.* 电荷

- ☻ the fundamental property of matter that is related to the electrical behaviour
- ㊣ 电荷是与电性能有关的物质的基本特性。

134　electric /ɪˈlektrɪk/　　　　　*adj.* 电的，与电相关的

- ☻ relating to electricity
- ㊣ 电的即与电相关的。
- 近 electrical *adj.* 电的
  - concerned with, operating by, or producing electricity
  - 电的即与电有关的、由电运作的或产生电的。
- 扩 electric field *n.* 电场
  - a region in which charged objects can experience forces
  - 电场即带电物体受力的区域。

135　electrostatic /ɪˌlektrəʊˈstætɪk/　　　*adj.* 静电学的

- ☻ relating to the stationary electric charges
- ㊣ 静电学的即与静止电荷相关的。
- 扩 electrostatic precipitator 静电滤尘器
  - a device that can remove ash particles by inducing charges to them and collecting these charged particles on charged plates
  - 静电滤尘器是一种使尘粒通电再将这些带电尘粒收集到荷电板的滤尘设备。

136 **nucleus** /'nju:kliəs/   *n.* 原子核

- **E** the core of an atom which is positively charged and contains most of the mass of the atom
- **释** 原子核是带正电的原子的核，包含大部分原子的质量。
- **复** nuclei

137 **electron** /ɪ'lektrɒn/   *n.* 电子

- **E** a negatively charged particle that is orbiting around the nucleus in the atom
- **释** 电子是带负电的粒子，绕原子核运动。

138 **proton** /'prəʊtɒn/   *n.* 质子

- **E** a positively charged nucleon in the nucleus
- **释** 质子是原子核中带正电荷的核子。

139 **neutron** /'nju:trɒn/   *n.* 中子

- **E** a neutral nucleon in the nucleus
- **释** 中子是原子核中不带电的核子。

140 **conductor** /kən'dʌktə(r)/   *n.* 导体

- **E** the material that allows electrons to pass through
- **释** 导体是允许电子通过的材料。

141 **insulator** /'ɪnsjuleɪtə(r)/   *n.* 绝缘体

- **E** the material that has little free electrons so that can hardly conduct electricity
- **释** 绝缘体是一种几乎没有自由电子所以几乎不能导电的材料。

142 **semiconductor** /ˌsemikən'dʌktə(r)/   *n.* 半导体

- **E** the material with in-between conductivity of electricity; Its conductivity is affected by the temperature.
- **释** 半导体是导电性能介于导体和绝缘体之间的材料，导电性能会受到温度的影响。

143 **earth** /ɜːθ/   *v.* 接地

- **E** connect (an electrical device) with the ground
- **释** 接地即（将电气设备）与地连接。

144 **coulomb** /'kuːlɒm/   *n.* 库伦（电荷的单位）

- **E** the SI unit of electric charge
- **释** 库仑是电荷的国际标准单位。

145 **ion** /'aɪən/   *n.* 离子

- **E** the atoms (or groups of atoms) that are electrically charged
- **释** 离子是带电荷的原子（或原子团）。

146 **current** /'kʌrənt/   *n.* 电流

- **E** the (rate of) flow of charge
- **释** 电流即电荷流（的速率）。

147 **circuit** /'sɜːkɪt/   *n.* 电路

- **E** a complete and closed path around which the electric current can flow
- **释** 电路是电流可以绕其流动的完整闭合路径。
- **扩** electric current 电流

148 **amp** /æmp/   *n.* 安培（电流的单位）

- **E** the SI unit of electric current
- **释** 安培是电流的国际标准单位。
- **扩** ammeter *n.* 电流表
  - a device that can measure the amount of current in the circuit
  - 电流表是一种可以测量电路中电流大小的设备。

149 **voltage** /'vəʊltɪdʒ/   *n.* 电压

- **E** an electromotive force or potential difference expressed in volts
- **释** 电压是电动势或以伏特表示的电位差。

⑰ voltmeter *n.* 电压表

- a device that can measure the potential difference across the terminals of electric components
- 电压表是一种可以测量电气元件两端电位差的设备。

potential difference 电势差

- the energy transferred per unit charge by charges passing through a component
- 电势差是通过元件时每单位电荷传递的能量。

electromotive force 电动势

- electrical energy produced per unit charge passing through a source of electricity
- 电动势是通过电源时每单位电荷产生的电能。

---

150 **volt** /vəʊlt/   *n.* 伏特（电压的单位）

☐
☐ **E** the SI unit of voltage
☐ **释** 伏特是电压的国际标准单位。

---

151 **resistance** /rɪ'zɪstəns/   *n.* 电阻

☐
☐ **E** a physical quantity of a conductor that can be calculated like
☐ this:

$$\text{resistance} = \frac{\text{potential difference across conductor}}{\text{electric current through conductor}}$$

释 电阻即导体的物理量。计算公式是：

$$电阻 = \frac{导体两端的电势差}{通过导体的电流}$$

---

152 **ohm** /əʊm/   *n.* 欧姆（电阻的单位）

☐
☐ **E** the SI unit of resistance
☐ **释** 欧姆是电阻的国际标准单位。

---

153 **resistor** /rɪ'zɪstə(r)/   *n.* 电阻器

☐
☐ **E** a device that is designed to provide resistance
☐ **释** 电阻器是提供电阻的仪器。
   扩 variable resistor (rheostat) 可变电阻，滑动变阻器

- a resistor of which the electric resistance value can be adjusted
- 可变电阻是可以调节电阻值的电阻器。

154 **thermistor** /θɜːˈmɪstə/   *n.* 热敏电阻

英 a semiconductor device that has high resistance when cold but low resistance when hot

释 热敏电阻是一种半导体器件，其冷时电阻高，热时电阻低。

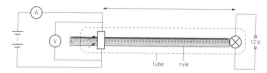

扩 light-dependent resistor (LDR) 光敏电阻

- LDRs have high resistance in the dark but low resistance in the light
- 光敏电阻在黑暗中电阻高，而在光照强度高时电阻低。

diode *n.* 二极管

- a semiconductor device that has an extremely high resistance to the current flowing in one direction but a low resistance in the other
- 二极管是一种半导体器件，它在一个方向上流动的电流电阻极大，但在另一个方向上电阻小。

light-emitting diode (LED) 发光二极管

- LEDs glow when there is an electric current flowing through them. Currents are only allowed to flow in one direction.
- 当有电流通过时，发光二极管发光。发光二极管的电流只能沿一个方向流动。

155 **resistivity** /ˌriːzɪˈstɪvəti/   *n.* 电阻率

英 a measurement of the ability that a specific material has to resist the flow of electric current. It can be calculated like this:

$$resistivity = \frac{resistance \times area}{length}$$

释 电阻率是指特定材料对电流流动的阻力。计算公式是：

$$电阻率 = \frac{电阻 \times 横截面积}{长度}$$

156 **series** /'sɪəriːz/   *n.* 串联

- 🄴 (as modifier) if the resistors are connected in series, the current passes through each resistor successively
- 🄡 如果电阻器串联连接，则电流会依次流过每个电阻器。
- 🄳 in series 串联

157 **parallel** /'pærəlel/   *adj.* 并联的

- 🄴 If the resistors are connected in parallel, they are connected to common joints in the circuit at each end.
- 🄡 如果电阻器并联连接，则电阻器将连接到电路两端的两个公共的结点。
- 🄳 in parallel 并联的；平行的

158 **fuse** /fjuːz/   *n.* 保险丝

- 🄴 a thin strip of wire that melts and breaks the circuit if the current flowing through is too high; It usually works as a safety device to protect the electrical components connected in a circuit.
- 🄡 保险丝是一根细线，如果流过的电流过大，保险丝会熔化并断开电路。它通常用作保护电路中连接电气组件的安全装置。
- 🄳 circuit breaker 断路器
  - an automatically operated electrical switch designed to protect an electrical circuit from damage caused by excess current from an overload or short circuit
  - 断路器是自动操作的电气开关，用于保护电路免受过载或短路引起的过大电流造成的损坏。

  residual circuit device 剩余电流保护器
  - a life-saving device which is designed to prevent someone from getting a fatal electric shock if one touches something live, such as a bare wire
  - 剩余电流保护器是一种救生装置，用于防止有人触摸裸露电线等带电物体而导致的致命电击。

扫一扫
听本节音频

159 **magnetic** /mæg'netɪk/ **pole**　　磁极

Ⓔ the points of a magnet to and from which the magnetic forces seem to be directed near the magnet

⊕ 磁极是磁铁上指示磁力指向的点。

⊕ north-seeking pole 北极

- the pole of a magnet that points towards the north when suspended freely
- 北极是自由悬挂时指向北方的磁极。

south-seeking pole 南极

- the pole of a magnet that points towards the south when suspended freely
- 南极是自由悬挂时指向南方的磁极。

160 **magnetism** /'mægnətɪzəm/　　*n.* 磁性

Ⓔ the property of materials being magnetic

⊕ 磁性即物质具有被磁化的特性。

⊕ permanent magnet 永久性磁铁

- hard to induce or keep
- 永久性磁铁的磁性很难被磁化或保持其磁性。

temporary magnet 暂时性磁铁

- easy to change or control
- 暂时性磁铁的磁性易于更改或控制。

161 **ferrous** /'ferəs/　　*adj.* 含铁的

Ⓔ materials that contain iron

⊕ 含铁的即含有铁的物质。

⊕ ferromagnetic material 铁磁物质

- ferrous materials that can have strong magnetism when magnetised
- 铁磁物质即磁化时具有很强磁性的含铁物质。

Ⓑ non-ferrous *adj.* 不含铁的

- materials that do not contain iron
- 不含铁的即材料是不含铁的。

162 **demagnetise** /diːˈmægnəˌtaɪz/   *v.* 使失去磁性

- **E** remove the magnetism from sth.
- **释** 使失去磁性即使某物消磁。
- **扩** demagnetised *adj.* 失去磁性的
  - relating to the property of some materials that their magnetism is removed
  - 失去磁性的即某些材料的磁性被去除。

163 **coil** /kɔɪl/   *n.* 线圈

- **E** metal wires wounded in a joined sequence of rings, usually used in the electric motors, dynamos, transformers, magnetic relay, etc
- **释** 线圈是缠绕成环的金属线圈，通常用于电机、发电机、变压器、磁性继电器等。

164 **solenoid** /ˈsɒlənɔɪd/   *n.* 螺线管

- **E** a long cylindrical coil of wire acting as a magnet when carrying electric current
- **释** 螺线管是一种圆柱形的长线圈，在有电流流通时可作磁铁用。

165 **electromagnet** /ɪˌlektrəʊˈmægnət/   *n.* 电磁铁

- **E** having a core of soft iron and a surrounding coil, when there is electric current flowing through the coil, its magnetism is switched on
- **释** 电磁铁的内芯为软铁，其外部缠绕着线圈，当电流通过线圈，磁性即被触发。

166 **commutator** /ˈkɒmjuteɪtə(r)/
                                n. 换向器，又作 split-ring

- **E** a device used in the dynamo or electric motor to reverse the direction of the flow of electric current
- **释** 换向器即用于发电机或电动机中使电流反向流动的装置。

167 **armature** /ˈɑːmətʃə(r)/   *n.* 电枢，转子

☐
☐ **Ｅ** the rotating coil (usually with an iron core) in the dynamo or
☐ electric motor
释 电枢是发电机或电动机的旋转线圈，通常带有铁芯。

168 **electromagnetic** /ˌɪˌlektrəʊmægˈnetɪk/ **induction**
/ɪnˈdʌkʃn/   电磁感应

☐
☐ **Ｅ** the production of electric current in a conductor by moving the
☐ conductor through an external magnetic field or by changing
the magnetic field applied to the conductor
释 电磁感应即通过导体切割磁感线或通过改变施加在导体上的磁
场产生导体中的电流。

169 **galvanometer** /ˌgælvəˈnɒmɪtə/   *n.* 电流计

☐
☐ **Ｅ** an instrument used for the detection and measurement of
☐ very small electric current
释 电流计即用于检测和测量非常小的电流的仪器。

170 **eddy** /ˈedi/ **current**   涡（电）流

☐
☐ **Ｅ** the electric current induced in conductors when they are in
☐ the changing magnetic field; It usually flows in a spiral path.
释 涡（电）流是导体在不断变化的磁场中所产生的电流，通常以
螺旋的方式流动。

171 **alternating** /ˈɔːltəneɪtɪŋ/ **current (A.C.)**
交变电流

☐
☐ **Ｅ** an electric current which varies and reverses its direction of
☐ flow periodically
释 交变电流（交流电）是一种周期性地改变和逆转流动方向的电流。

172 **generator** /'dʒenəreɪtə(r)/   *n.* 发电机

- ☐
- ☐
- ☐

Ⓔ a device which generates electricity using electromagnetic induction; It is also called a dynamo or an alternator (generator which gives out alternating current)

㊈ 发电机即利用电磁感应发电的装置，还被叫作 dynamo 或 alternator（即发出交流电的发电机）。

173 **rectifier** /'rektɪˌfaɪə/   *n.* 整流器

- ☐
- ☐
- ☐

Ⓔ a device which converts alternating current into direct current; A diode is usually used as a rectifier.

㊈ 整流器即将交流电转换成直流电的装置。二极管通常用作整流器。

174 **transformer** /træns'fɔːmə(r)/   *n.* 变压器

- ☐
- ☐
- ☐

Ⓔ a device used for reducing or increasing the voltage of an alternating current

㊈ 变压器是一种用来降低或增加交流电电压的装置。

175 **grid** /grɪd/   *n.* 输电网

- ☐
- ☐
- ☐

Ⓔ a nationwide network of cables used for distributing the electrical power

㊈ 输电网是一个全国性的分配电力的电缆网络。

第三小节 Electrons and Electronics 电子与电子学

扫一扫
听本节音频

176 **electronic circuit** /'sɜːkɪt/   电子电路

- ☐
- ☐
- ☐

ⓔ circuits with microchips and other semiconductor devices

㊈ 电子电路是带有微芯片和其他半导体器件的电路。

177 **signal** /ˈsɪɡnəl/   *n.* 信号

E an electrical impulse or radio wave transmitted or received, such as a tiny change in the current caused by a sound received by the microphone

释 信号是发射或接收的电脉冲或无线电波，例如由麦克风接收的声音引起电流发生微小变化。

178 **(operational** /ˌɒpəˈreɪʃənl/ **) amplifier** /ˈæmplɪfaɪə(r)/   *n.*（运算）放大器

E a device that can produce an output signal with higher power and voltage than the input signal

释（运算）放大器是一种能产生比输入信号功率更高、电压更大的输出信号装置。

179 **microphone** /ˈmaɪkrəfəʊn/   *n.* 麦克风

E a device that can convert sound waves into electrical variations

释 麦克风是一种能把声波转换成电流变化的装置。

180 **loudspeaker** /ˌlaʊdˈspiːkə(r)/   *n.* 扬声器

E a device that can convert electrical variations into sound waves

释 扬声器是一种能把电信号转化为声波的装置。

181 **transducer** /trænzˈdjuːsə(r)/   *n.* 换能器，变换器

E a device that can convert a non-electrical variation into an electric signal or vice versa, such as microphone, thermistor, LED, LDR, variable resistor, semiconductor diode, etc

释 换能器是一种能将非电信号转化为电信号或将电信号转化为非电信号的装置，例如麦克风、热敏电阻、发光二极管、光敏电阻、可变电阻、半导体二极管等。

182 **processor** /ˈprəʊsesə(r)/   *n.* 处理器

ⓔ a device used to operate the electrical signals received from the input sensor (transducer), such as amplifying, counting or storing them

ⓒ 处理器是一种用于操作从输入传感器（换能器）中接收的电信号的设备，如放大、计数或存储电信号。

183 **transistor** /trænˈzɪstə(r)/   *n.* 晶体管

ⓔ a semiconductor device used for amplifying signals and for switching

ⓒ 晶体管是一种半导体器件，用于放大信号和开关。

184 **capacitor** /kəˈpæsɪtə(r)/   *n.* 电容器

ⓔ a device that is used to temporarily store small amount of charge and electrical energy

ⓒ 电容器是一种用于临时储存少量电荷和电能的装置。

185 **relay** /ˈriːleɪ/   *n.* 继电器

ⓔ an electrical device used for opening or closing a circuit; It is usually operated by a small current in a coil which works as an electromagnet.

ⓒ 继电器是一种用于打开或关闭电路的电气装置，通常是由有微小电流通过的线圈充当电磁铁来操控的。

186 **reed** /riːd/   *n.*（磁力开关的）接触器

ⓔ an electrical contact used in a magnetic relay switch which is known as the reed switch; It can also be called a reed relay.

ⓒ （磁力开关的）接触器是一种用于电磁继电器开关的电接点，被称为簧片开关，又称做簧片继电器。

187 **truth table** 真值表

☐
☐ **E** a diagram in rows and columns showing the outputs from
☐ all possible combinations of input of an electronic device in
   electronics

释 在电子学中，（电子）真值表是一种以行和列说明电子设备输入的所有可能输出组合的图表。

188 **logic gate** 逻辑门

☐
☐ **E** an electronic switching circuit with an output which is
☐ controlled by the combination of several inputs

释 逻辑门是一种由多个输入控制输出的电子开关电路。

189 **AND gate** 与门

☐
☐ **E** The output is high only when both of the inputs are high,
☐ otherwise the output is low.

释 与门即只有当两个输入都高时，输出才高，否则输出就低。

190 **NAND gate** 与非门

☐
☐ **E** the inverse of the AND gate; The output is low only when both
☐ of the inputs are high, otherwise the output is high.

释 与非门和与门相反，只有当两个输入都高时，输出才低，否则输出就高。

191 **OR gate** 或门

☐
☐ **E** The output is low only when both of the inputs are low,
☐ otherwise the output is high.

释 只有当两个输入都很低时，输出才低，否则输出就高。

192 **NOR gate** 或非门

☐
☐ **E** the inverse of the OR gate; The output is high only when both
☐ of the inputs are low, otherwise the output is low.

释 或非门和或门相反，只有当两个输入都很低时，输出才高，否则输出就低。

193 **NOT gate**　　　　　　　　　　　　　非门

- ☒ The output is high if the input is low.
- ☒ 非门即当输入低时，输出就高。

194 **thermionic** /ˌθɜːmɪˈɒnɪk/ **emission** /iˈmɪʃn/
热电子发射

- ☒ the emission of electrons from a heated surface, such as tungsten
- ☒ 热电子发射是指电子从加热表面（如钨）发射出来。

195 **anode** /ˈænəʊd/　　　　　　　　　　　*n.* 阳极

- ☒ the positively charged electrode; In a vacuum tube for thermionic emissions, it is the electrode which receives the electrons.
- ☒ 阳极是带正电荷的电极。在发生热电子发射的真空管中，接收电子的是阳极。

196 **cathode** /ˈkæθəʊd/　　　　　　　　　　*n.* 阴极

- ☒ the negatively charged electrode; In a vacuum tube for thermionic emissions, it is the electrode which emits electron beams.
- ☒ 阴极是带负电荷的电极。在发生热电子发射的真空管中，发射电子束的是阴极。
- ☒ cathode ray 阴极射线
  - a beam of electrons moving at high speeds
  - 阴极射线是一束高速运动的电子束。

197 **cathode** /ˈkæθəʊd/ **ray oscilloscope** /ˌɒsɪˈleɪʃn/ **(C.R.O.)**
极射线示波器

- ☒ a device for viewing oscillations by a display on the screen of a cathode ray tube; The cathode ray tube is composed of three main parts: an electron gun, a fluorescent screen and a deflection system.

🟥 阴极射线示波器（C.R.O.）是通过阴极射线管屏幕上的显示器来观察振动的设备。阴极射线管主要由三部分组成：电子枪、荧光屏和偏转系统。

198 **fluorescence** /fluəˈresəns/   *n.* 荧光

🅔 the radiation (usually visible) given out by a specific material when there is incident radiation of a shorter wavelength, such as ultraviolet

🟥 荧光是指当存在波长较短的入射电磁波（例如紫外线）时，特定材料发出的电磁波（通常是可见光）。

199 **deflection** /dɪˈflekʃn/   *n.* 偏离

🅔 the process of changing the direction by interposing or applying something

🟥 偏离是通过插入或应用某物来改变方向的过程。

Atoms and Radioactivity 原子与放射性

扫一扫
听本节音频

200 **element** /ˈelɪmənt/   *n.* 元素

🇪 the basic substance that cannot be chemically broken down into simpler substances; There are more than 100 elements and all materials are made from them.

🇨 元素是指不能通过化学方法被分解成更简单的物质的基本物质。元素有 100 多种，所有的物质都是由元素组成。

201 **atomic** /əˈtɒmɪk/ **number**   原子序数

🇪 the number of protons in the nucleus of an atom

🇨 原子序数即原子核中的质子数。

202 **isotope** /ˈaɪsətəʊp/   *n.* 同位素

🇪 the atoms that have the same atomic number but different number of neutrons in their nuclei

🇨 同位素是原子核中原子序数相同但中子数不同的原子。

203 **mass number**   质量数

🇪 the total number of protons and neutrons in a nucleus; It is also called nucleon number.

🇨 质量数是原子核中质子和中子的总数，又称为核子数。

204 **nuclide** /ˈnjuːklaɪd/   *n.* 核素

🇪 a distinct kind of atom or nucleus characterized by a specific number of protons and neutrons

🇨 核素是一种独特的原子或原子核，其特征是具有特定数量的质子和中子。

205 electron /ɪˈlektrɒn/ shell /ʃel/　　　电子层

- Ⓔ the specific fixed level at which an electron orbit around a nucleus
- Ⓡ 电子层是电子围绕原子核运行的特定的固定轨道。

206 (nuclear) radiation /ˌreɪdiˈeɪʃn/　　n. （核）辐射

- Ⓔ high-energy subatomic particle or energy as electromagnetic waves emitted from the nucleus, especially those particles or EM waves which cause ionization
- Ⓡ （核）辐射是一种由原子核发出的高能的亚原子粒子或由原子核发出的电磁波能量，尤指那些能产生电离作用的粒子或电磁波。

207 background radiation　　　本底辐射

- Ⓔ the small amount of radiation around us which mainly comes from the cosmic radiation and the radioactive materials in the natural sources such as soil, rocks, air, food, etc
- Ⓡ 本底辐射是围绕在我们周围的少量辐射，主要来自宇宙射线和土壤、岩石、空气、食物等天然来源的放射性物质。

208 radioactive /ˌreɪdiəʊˈæktɪv/ decay /dɪˈkeɪ/
　　　放射性衰变

- Ⓔ the process of the disintegration of subatomic particles in the nucleus by emitting radiations
- Ⓡ 放射性衰变是原子核内的亚原子粒子通过释放辐射而衰变的过程。

209 Geiger-Müller (GM) /ˈɡaɪɡəˈmulə/ tube
　　　盖革计数管（器）

- Ⓔ a device used to measure the radioactivity by detecting and counting the ionizing particles which are caused by the incident radiations
- Ⓡ 盖革计数管或盖格尔-穆勒管是一种通过检测和计数由入射辐射引起的电离粒子来测量放射性的装置。

210 **cloud chamber** /'tʃeɪmbə(r)/ 云室

- ☒ **E** a device that can detect charged radiations by forming visible tracks of the radiations passed through
- ☒ **释** 云室是一种核辐射探测装置，可以显示核辐射经过后留下的可见痕迹。

211 **half-life** /'hɑːf laɪf/ *n.* 半衰期

- ☒ **E** The half-life of a radioactive isotope is the time taken for half of the active nuclei in a sample to decay.
- ☒ **释** 放射性同位素的半衰期是样本中活性原子核衰变一半所花费的时间。

212 **activity** /æk'tɪvəti/ *n.* 放射性活度

- ☒ **E** the number of nuclear decays take place in unit time
- ☒ **释** 放射性活度是在单位时间内发生的核衰变的数量。

213 **becquerel (Bq)** /'bekərel/ *n.* 贝克勒

- ☒ **E** SI unit for the number of nuclear decays per unit time
- ☒ **释** 贝克勒是计算单位时间内核衰变数量的国际标准单位。

214 **nuclear fission** /'fɪʃn/ 核裂变

- ☒ **E** a nuclear reaction in which a large nucleus is split into smaller ones with the release of large amount of energy
- ☒ **释** 核裂变是一种核反应，在这种反应中，一个大的原子核分裂成小的原子核并释放出大量的能量。

215 **nuclear fusion** /'fjuːʒn/ 核聚变

- ☒ **E** a nuclear reaction in which smaller nuclei fuse to form a heavier nucleus with the release of large amount of energy
- ☒ **释** 核聚变是一种核反应，在此过程中，较小的原子核融合形成较重的原子核并释放出大量的能量。

216 **nuclear reactor** 核反应堆

- 🄴 an apparatus in a nuclear power station in which a controlled chain reaction of nuclear fusion takes place with a steady rate of heat release
- 🄲 核反应堆是核电站内的一种装置。其中核聚变链式反应以稳定的放热速率进行。

217 **moderator** /'mɒdəreɪtə(r)/ n. 减速剂

- 🄴 a substance used in a nuclear reactor which causes the slowdown of the neutrons
- 🄲 减速剂是一种用于核反应堆的物质，可导致中子减速。

218 **control rod** /rɒd/ 控制棒

- 🄴 a rod in a nuclear reactor which can absorb the neutrons; It is usually made of materials such as boron or cadmium.
- 🄲 控制棒是核反应堆中可以吸收中子的棒，通常由硼或镉等材料制成。

第一节
Measurements and Experiments 实验测量

扫一扫
听本节音频

219 **caliper** /ˈkælɪpə(r)/　　　　*n.* 卡钳；测径规；双脚规

- 🇪 an instrument designed to measure the external or internal dimensions by gripping the outside of an object with two jaws or the inside of an object with two prongs
- 🇨 卡钳是一种用两个钳口夹住物体外部或用两个尖头夹住物体内部来测量物体外部或内部尺寸的仪器。

220 **scientific notation** /nəʊˈteɪʃn/　　　　科学计数法

- 🇪 the scientific notation of a number, which is also known as the standard form of a number, looks like this: one digit in front of the decimal place × appropriate power of ten
- 🇨 科学计数法是一种数字的科学表示法，也被称为数字的标准形式，即：小数点前只有一位的数字 ×10 的适当次幂。

221 **metric** /ˈmetrɪk/ **prefix** /ˈpriːfɪks/
公制前缀，单位前缀

- 🇪 the letter placed before the SI unit, representing the multiples and submultiples of the unit
- 🇨 公制前缀是放在国际标准单位前面的字母，表示该单位的倍数和子倍数。

扩 multiples prefix table（倍数前缀表）

Prefix（前缀）	Symbol（符号）	Multiple（倍数）
peta-（千万亿）	P	$\times 10^{15}$
tera-（兆兆，万亿）	T	$\times 10^{12}$
giga-（千兆，十亿）	G	$\times 10^{9}$
mega-（兆，百万）	M	$\times 10^{6}$
kilo-（千）	k	$\times 10^{3}$

submultiples prefix table（因数前缀表）

Prefix（前缀）	Symbol（符号）	Multiple（倍数）
deci-（分）	d	$\times 10^{-1}$
centi-（厘）	c	$\times 10^{-2}$
mili-（毫）	m	$\times 10^{-3}$
micro-（微）	μ	$\times 10^{-6}$
nano-（纳）	n	$\times 10^{-9}$
pico-（皮）	p	$\times 10^{-12}$
femto-（飞姆托）	f	$\times 10^{-15}$

222 **error** /ˈerə(r)/   *n.* 误差

英 the difference between the measurement of a physical quantity and the 'true value' of that quantity

释 误差是一个物理量的测量值与"真实值"之间的差值。

223 **systematic** /ˌsɪstəˈmætɪk/ **error**   系统误差

英 measurements that are consistently too small or too large contain systematic errors

释 系统误差是指测量值总是比"真实值"小或者大的固定差值。

224 **random error**   随机误差

英 the random error occurs when repeating the measurements gives an unpredicted different result

释 随机误差是当重复测量时得到的无法预知的不同结果而产生的误差。

225 **accuracy** /'ækjərəsi/   *n.* 准确度

ⓔ describes how closely the measurements are to the 'true value' of the quantity being measured

㊥ 准确度即多次测量的结果与被测量的"真实值"相符合的程度。

226 **precision** /prɪ'sɪʒn/   *n.* 精确度

ⓔ describes how closely a number of repeated readings agree with each other

㊥ 精确度是指重复读数之间的一致程度。

227 **resolution** /ˌrezə'luːʃn/   *n.* 分辨率

ⓔ the smallest observable change in the quantity being measured

㊥ 分辨率是被测量中可观察到的最小的变化。

228 **sensitivity** /ˌsensə'tɪvəti/   *n.* 灵敏度

ⓔ the sensitivity of an instrument, can be calculated like this:

$$\text{sensitivity} = \frac{\Delta \text{output}}{\Delta \text{input}} \text{ (with units)}$$

A sensitive instrument produces a large change in output for a small change in input.

㊥ 灵敏度是一个仪器的灵敏度，计算公式是：

$$\text{灵敏度} = \frac{\Delta \text{ 输出}}{\Delta \text{ 输入}} \text{〔带单位〕}$$

灵敏度高的仪器，在输入信号变化小的情况下能够产生很大的输出信号的变化。

229 **response time**   反应时间

ⓔ the time interval between a change in output and the corresponding change in input

㊥ 反应时间是输出变化和相应的输入变化之间的时间间隔。

230 noise /nɔɪz/

n. 杂音，噪音

E the superimposed variations

释 杂音即叠加的干扰。

231 absolute uncertainty

绝对不确定度

E uncertainty of a measurement given as certain fixed quantity

释 绝对不确定度是某一固定量的测量值的不确定度。

232 percentage /pə'sentɪdʒ/ uncertainty

百分率不确定度

E uncertainty given as a percentage of the measurement

释 百分率不确定度是百分比数的不确定度。

扩 fractional uncertainty *n.* 分数不准确度

- percentage uncertainty=fractional uncertainty ×100%
- 百分率不确定度 = 分数不确定度×100%

233 best-fit line

最优拟合线

E an output of regression analysis that represents the relationship between two variables in a data set; It shows the theoretical linear relationship between the two variables.

释 最优拟合线（也称为最佳拟合线）是一个回归分析的输出。它代表了数据集中两个变量之间的关系，显示了两个变量之间的理论线性关系。

234 **homogeneous** /ˌhɒməˈdʒiːniəs/ *adj.* 同种的，相同的，相似的

🇪 When each term in an equation has the same base units the equation is said to be homogeneous.

🈁 当某公式中所有项的基本单位都是一样的，这个公式即被称为"单位统一的公式"。

235 **instantaneous** /ˌɪnstənˈteɪnɪəs/ **speed** 瞬时速率

🇪 the instantaneous rate of change of distance travelled; It shows the speed at a specific instant.

🈁 瞬时速率是移动距离的瞬时变化率，表示特定时刻的速率。

236 **instantaneous velocity** /vəˈlɒsəti/ 瞬时速度

🇪 the instantaneous rate of change of displacement travelled

🈁 瞬时速度是移动位移的瞬时变化率。

237 **projectile** /prəˈdʒektaɪl/ *n.* 抛射物，发射物

🇪 an object propelled through the air; Its trajectory is a parabola if only affected by the gravity.

🈁 在只受重力影响的情况下，向空中抛出的物体，其轨迹是一条抛物线。

🇫 projectile motion 平 / 斜抛运动

- the motion of an object projected into the air, only subject to the acceleration due to the weight
- 平 / 斜抛运动是物体被抛向空中且仅受重力作用时做的运动。

238 **terminal** /ˈtɜːmɪnl/ **velocity** 终端速度

☐
☐ **ⓔ** It is the velocity that the object finally reaches when it falls
☐ in the air. When the terminal velocity is reached, the size of
air resistance experienced by the object is equal to that of its
weight.

ⓒ 终端速度是物体在空中下落时最终到达的速度。当达到终端速
度时，物体所受空气阻力的大小等于物体的重量。

239 **Archimedes' principle** /ˈprɪnsəpl/ 阿基米德原理

☐
☐ **ⓔ** Archimedes' principle states that the upthrust acting on a body
☐ is equal to the weight of the liquid or gas that it displaces.

ⓒ 阿基米德原理：一个物体所受到的浮力等于该物体排开的液体
或气体的重力。

240 **viscous** /ˈvɪskəs/ *adj.* 黏稠的；黏滞的

☐
☐ **ⓔ** having a thick, sticky consistency between solid and liquid;
☐ having a high viscosity

ⓒ 黏稠的即固体和液体间黏稠的，有高黏度的。

ⓕ viscous force *n.* 黏滞力

• the force that an object experiences when moving through a fluid
• 黏滞力是物体在流体中移动时所受的力。

viscosity *n.* 黏度

• the quantity which describes how resistant the fluid is to flowing
• 黏度是表示流体抗流动的程度。

coefficient of viscosity 黏度系数

• a numerical value given to a fluid to indicate the size of viscosity
• 黏度系数是用来表示流体黏度大小的一个数值。

241 **laminar** /ˈlæmɪnə/ *adj.* 层流的

☐
☐ **ⓔ** (of a flow) taking place along constant streamlines, not
☐ turbulent

ⓒ 层流的即沿恒定的流线而不是紊流流动的。

ⓕ laminar flow 层流

• a fluid moves in uniform streamlines in which the velocity of the
fluid at any place is not changing over time
• 层流是指流体以均匀的流线运动，其中流体在任何位置的速
度不随时间变化。

242 **turbulent** /ˈtɜːbjələnt/   *adj.* 湍流的，湍急的

- 🇪 moving unsteadily or violently
- 🇨 湍流的即运动不稳定的或剧烈的。
- 🔧 turbulent flow 湍流
  - a fluid moves with its velocity at any place fluctuating irregularly in a unpredicted manner
  - 湍流是指流体在空间上不规则和时间上无秩序的不规则波动。

243 **elastic collision**   弹性碰撞

- 🇪 In an elastic collision, the kinetic energy is conserved and the relative speed is unchanged.
- 🇨 在弹性碰撞中，碰撞前后的动能不变且碰撞前后的相对速度不变。

244 **inelastic collision**   非弹性碰撞

- 🇪 In an inelastic collision, the kinetic energy would decrease, usually transferred into other forms of energy such as heat or sound.
- 🇨 在非弹性碰撞中，动能在碰撞后会减少，通常是被转换成了其他形式的能量，例如热能和声能。

245 **tensile** /ˈtensaɪl/   *adj.* 张力的，拉力的

- 🇪 of or relating to tension
- 🇨 张力的即有关拉力的。
- 🔧 tensile force 张力
  - the force that stretches the objects
  - 张力是拉伸物体的力。

246 **compressive** /kəmˈpresɪv/   *adj.* 压缩的，挤压的

- 🇪 of or relating to squeezing or pressing
- 🇨 压缩的即有关挤压或按压的。
- 🔧 compressive force 挤压力
  - the force that squashes or shortens the objects
  - 挤压力是压缩或缩短物体的力。

247 **stress** /stres/   *n.* 应力

- **E** the force applied per unit cross-sectional area of an object
- **释** 应力是施加在物体单位横截面积上的力。

248 **strain** /streɪn/   *n.* 应变

- **E** the magnitude of a deformation, equal to the change in the dimension (usually length) of an object divided by its original dimension
- **释** 应变是变形的大小，等于一个物体的尺寸（通常是长度）的变化除以它的原始尺寸。

249 **modulus** /'mɒdjʊləs/   *n.* 模

- **E** a constant factor or ratio, indicating the relation between a physical effect and the force producing it
- **释** 模是一个常数因子或比例，表示物理效应和产生物理效应的力之间的关系。
- **扩** Young modulus 杨氏模量
  - a constant for a material, equal to the stress divided by its corresponding strain; It can only be calculated when the stress is directly proportional to the strain and is usually used to indicate the stiffness of a material.
  - 杨氏模量是描述材料的一个常数，等于应力除以相应的应变。杨氏模量只能在应力与应变成正比时才能计算出来，通常用来表示材料的刚度。

扫一扫
听本节音频

250 **electrolyte** /ɪˈlektrəlaɪt/   *n.* 电解液

🄴 a liquid or gel which contains charged particles (ions)

🈁 电解液是一种含有带电粒子（或离子）的液体或凝胶。

251 **elementary charge**   元电荷

🄴 the smallest charge that can be carried by a charged object; It has a magnitude of 1.6×10^{-19} C. The charge can only come in amounts which are integer multiples of the elementary charge.

🈁 元电荷是带电物体所能携带的最小电荷。它的大小是 1.6×10^{-19} C。电荷的数量只能是元电荷的整数倍。

252 **mean drift velocity** /vəˈlɒsəti/   平均漂移速度

🄴 the average velocity of electrons which are moving due to the existence of the applied electric field

🈁 平均漂移速度是电子由于外加电场的存在而移动的平均速度。

253 **superconductivity** /ˌsuːpəˌkɒndʌkˈtɪvəti/   *n.* 超导性

🄴 the property of zero electrical resistance in some substances at very low absolute temperatures.

🈁 一种可以在非常低的绝对温度下某些物质电阻为零的性质。

🄴 superconductor 超导体

254 **internal resistance** /rɪˈzɪstəns/   内阻

🄴 the resistance of a source of electromotive force; All practical sources of e.m.f. have internal resistance.

🈁 内阻是电源的电阻。所有真实的电源都有内阻。

☐
☐ **ⓔ** the electric component or circuit connected such as to
☐ divide the potential difference into different portions, usually
composed of two resistors connected in series

释 分压器是将电势差分成不同部分的电路或电气元件，通常由两个电阻串联而成。

☐
☐ **ⓔ** an instrument for measuring an electromotive force by
☐ balancing it against the potential difference produced by
passing a known current through a known variable resistance

释 电势差计是一种测量电动势的仪器，可通过已知电流流经已知可变电阻所产生的电势差与所要测量的电动势平衡来测量电动势。

257 **intensity** /ɪnˈtensəti/   *n.*（波的）强度

☐
☐
☐

Ｅ power of wave transmitted per unit area perpendicular to the wave velocity

释（波的）强度是垂直于波速的波每单位面积传播的功率。

258 **Doppler effect**   多普勒效应

☐
☐
☐

Ｅ the change in an observed wave frequency when a source or observer moves relatively to each other

释 多普勒效应是当波源或观测者相对互相移动时所观察到的波的频率的变化。

259 **superposition** /ˌsuːpəpəˈzɪʃn/   *n.*（波的）叠加

☐
☐
☐

Ｅ two or more waves arrive at the same position so that they coincide

释（波的）叠加是两个或两个以上的波在同一位置重合。

扩 principle of superposition 波的叠加原理

- When two or more waves arrive at the same position, the resultant displacement is the algebraic sum of the displacement of every individual wave.
- 波的叠加原理即当两个或两个以上的波重合时，其合位移是每一个波的位移的代数和。

260 **polarisation** /ˌpəʊlərʌɪˈzeɪʃn/   *n.* 偏振

☐
☐
☐

Ｅ the geometric orientation of the plane of oscillation of a transverse wave; All oscillations of a plane polarised wave take place in one plane.

释 偏振是横波振荡平面的几何取向。平面偏振波的所有振动都发生在同一个平面上。

261 **polaroid** /ˈpəʊlərɔɪd/

n. 偏振片

- ☐ **E** material in thin plastic sheets that produces a plane-polarised
- ☐ light in (unpolarised) light passing through it.
- ☐ **释** 一种当非偏振自然光通过时，可以让自然光变成平面偏振光的
  光学元件，通常是薄塑料片制成。

262 **analyser** /ˈænəlaɪzə/

n. 偏振（分析）片

- ☐ **E** analyser is another name for a polaroid which is usually used
- ☐ to analyse a plane-polarised wave produced by a polaroid first.
- ☐ **释** 偏振片的别名，通常指用于分析平面偏振光的偏振片。

263 **stationary** /ˈsteɪʃənri/ **wave**

驻波

- ☐ **E** a wave that cannot transmit energy; It is formed when two
- ☐ identical waves travelling in opposite directions meet and
- ☐ superpose. Usually one of the identical wave can be the
  reflection of the other.
- **释** 驻波是一种不能传递能量的波，是由两个相反方向的相同波相
  遇并叠加而成的。通常，一个波是另一个波的反射波。

264 **node** /nəʊd/

n. 波节

- ☐ **E** a point at which the amplitude of vibration in a stationary wave
- ☐ is zero
- ☐ **释** 波节是在一个驻波中振幅为零的点。

265 **antinode** /ˈæntɪˌnəʊd/

n. 波腹

- ☐ **E** a point at which the amplitude of vibration in a stationary wave
- ☐ is maximum
- ☐ **释** 波腹是驻波中振幅最大的一点。

266 **interference** /ˌɪntəˈfɪərəns/

n. （波的）干涉

- ☐ **E** the superposition of two waves with the same frequency and
- ☐ wavelength
- ☐ **释** 波的干涉即频率和波长相同的两列波的叠加。
- **扩** constructive interference 相长干涉

- Constructive interference occurs when waves meet in phase leading to a maximum superposition amplitude. For constructive interference, the path difference is a whole number of wavelengths.
- 相长干涉指的是两列同相波叠加，使得叠加后的波有最大的振幅。对于相长干涉，波的光程差是波长的整数倍。

扩 destructive interference 相消干涉

- Destructive interference occurs when waves meet in anti phase leading to a minimum superposition amplitude. For destructive interference, the path difference is an odd number of half wavelengths.
- 相消干涉指的是两列反相波叠加，使得叠加后的波有最小的振幅。对于相消干涉，波的光程差是一半波长的奇数倍。

---

267 **coherent** /kəʊˈhɪərənt/   *adj.* 相干的

E coherent wave sources emit waves with a constant phase difference

释 相干的即发出具有恒定相位差的波的相干波源的。

---

268 **path difference**   波程差，光程差

E the difference between the distance travelled by two waves meeting at a point

释 波程差是指两列波从波源传播到某一点的路程之差。

---

269 **diffraction** /dɪˈfrækʃn/ **grating** /ˈɡreɪtɪŋ/ 衍射光栅

E a plate of glass or metal ruled with very close parallel lines (slits), producing a spectrum by diffraction and interference of light

释 衍射光栅是一种由玻璃或金属制成的带有非常紧密的平行线（狭缝）的板，通过衍射和光的干涉产生光谱。

Atomic Structure, Nuclear and Quantum Physics 原子结构、核物理与量子物理

扫一扫
听本节音频

270 hadron /ˈhædrɒn/　　　　　　　　　　n. 强子

E a subatomic particle of a type which are affected by the strong nuclear force

释 强子是受强核力影响的一类亚原子粒子。

271 fundamental /ˌfʌndəˈmentl/ particle　　基本粒子

E the most basic particle that cannot be divided into any smaller particles; Quark and lepton are fundamental particles, they can be combined to create larger particles.

释 基本粒子即不能被分成更小粒子的基础粒子。夸克和轻子是基本粒子，它们可以合成更大的粒子。

272 quark /kwɑːk/　　　　　　　　　　n. 夸克

E a fundamental particle which is the constituent of hadron; There are six types of quark, they interact with each other via the strong nuclear force.

释 夸克是构成强子的基本粒子。夸克有六种类型，它们通过强核力相互作用。

273 baryon /ˈbærɪˌɒn/　　　　　　　　　n. 重子

E a subatomic particle composed of three quarks, such as a nucleon; It is one type of a hadron.

释 重子是由三个夸克组成的亚原子粒子，例如核子。重子是强子的一种。

274 **meson** /'miːzɒn/　　　　　　　　　　*n.* 介子

🄔 a subatomic particle composed of a quark and an antiquark and is one type of a hadron

🄣 介子是由夸克和反夸克组成的亚原子粒子，是强子的一种。

275 **lepton** /'leptɒn/　　　　　　　　　　*n.* 轻子

🄔 a fundamental particle, such as an electron or neutrino, which does not interact via the strong nuclear force; They can be affected by the weak nuclear force.

🄣 轻子是一种基本粒子，例如电子或中微子都属于轻子，轻子不通过强核力相互作用，但会受到弱核力的影响。

276 **antiparticle** /'æntɪpɑːtɪkl/　　　　　*n.* 反粒子

🄔 a particle that has the same mass but all other properties are opposite to its corresponding normal particle

🄣 反粒子是一种具有相同质量但所有其他性质都与其对应的正常粒子相反的粒子。

277 **exchange boson** /'bəʊzɒn/　　　　基本玻色子

🄔 a particle that can transfer the fundamental force; Each fundamental force has its own exchange boson.

🄣 基本玻色子是一种能传递基本力的粒子。每一种基本力都有自己的基本玻色子。

278 **strangeness** /'streɪndʒnəs/　*n.* （夸克的）奇异数，奇异性

🄔 a property of quark, denoted by S; Each strange quark has a strangeness of -1, each anti-strange quark has a strangeness of +1.

🄣 奇异性是夸克的一个性质，记作S。每个奇异夸克的奇异性为-1，每个反奇异夸克的奇异性为+1。

279 **deuterium** /djuːˈtɪəriəm/   *n.* 氘

- 🇬🇧 an isotope of hydrogen, with a nucleus composed of one proton and one neutron
- 🈯 氘是氢的一种同位素，原子核由一个质子和一个中子组成。
- 🔧 protium *n.* 氕
  - an isotope of hydrogen, with a nucleus of one proton
  - 氕是氢的一种同位素，以一个质子为原子核。

  tritium *n.* 氚
  - an isotope of hydrogen, with a nucleus of one proton and two neutrons
  - 氚是氢的一种同位素，原子核由一个质子和两个中子构成。

280 **electronvolt (eV)** /ɪˌlektrɒnˈvəʊlt/   *n.* 电子伏特

- 🇬🇧 the energy transferred to an electron when it travels through a potential difference of one volt, i.e. 1 eV=1.6×10^{-19} J
- 🈯 电子伏特是电子通过1伏的电势差时(电场)传递给电子的能量，即：1 eV=1.6×10^{-19} J。

281 **mass defect** /ˈdiːfekt/   （原子核的）质量亏损

- 🇬🇧 the difference between the mass of the nucleus and the total mass of its constituent individual protons and neutrons
- 🈯 （原子核的）质量亏损是指原子核的质量与构成原子核的单个质子和中子的总质量之间的差。

282 **binding energy**   结合能

- 🇬🇧 the minimum energy required to decompose a nucleus into its constituent separate nucleons; It is equal to the energy converted from the mass defect of the nucleus.
- 🈯 结合能是把一个原子核分解成它的独立核子所需要的最低能量，相当于由原子核的质量亏损转化而来的能量。

283 **decay** /dɪˈkeɪ/ **constant**   衰变常数

- 🇬🇧 the probability that a radioactive nucleus will decompose per unit time interval
- 🈯 衰变常数是一个放射性原子核在单位时间间隔内分解的概率。

284 **fluorescence** /fləˈresns/   *n.* 荧光现象，荧光性

☐
☐
☐

E the property or phenomenon of absorbing light of short wavelength and emitting light of longer wavelength.

释 可以通过吸收波长较短的光来发出波长较长的光的性质或现象。

285 **scintillation** /ˌsɪntɪˈleɪʃən/   *n.* 荧光

☐
☐
☐

E a small flash of visible or ultraviolet light emitted by fluorescence in a phosphor when struck by a charged particle or high-energy photon.

释 当磷被带电粒子或者高能光子撞击时，因荧光现象而发出的可见光或紫外线的闪光。

286 **photon** /ˈfəʊtɒn/   *n.* 光子

☐
☐
☐

E a particle representing a 'packet' of energy of electromagnetic wave; A photon carries an amount of energy equal to the Planck's constant multiplied by the frequency of the electromagnetic wave.

释 光子是一种代表电磁波能量"包"的粒子。光子携带的能量等于普朗克常数乘以电磁波的频率。

287 **wave-particle duality** /djuːˈæləti/   波粒二象性

☐
☐
☐

E the idea that objects, such as electrons and electromagnetic waves, behave as waves under certain circumstances and as particles under other circumstances

释 波粒二象性描述的是如电子和电磁波这样在某些情况下表现为波但在另一些情况下表现为粒子的现象。

288 **photoelectric** /ˌfəʊtəʊɪˈlektrɪk/   *adj.* 光电的

☐
☐
☐

E characterised by or involving the emission of the photoelectrons from a surface when it is shone by electromagnetic waves

释 光电的即与物体表面被电磁波照射时发射出光电子这一现象相关的。

扩 photoelectric effect 光电效应

- When electromagnetic wave strikes the surface of materials, usually metals, it can eject electrons from them. These electrons are called the photo electrons and this phenomenon is called the photoelectric effect.

- 当电磁波照射物体（通常是金属居多）表面时会放射出电子。这些电子叫光电子，而这一现象就叫光电效应。

289 **threshold** /ˈθreʃhəʊld/ *n.* 阈值

E the magnitude or intensity that must be exceeded for a certain reaction, phenomenon, result or condition to occur or be manifested

释 阈值是指某一反应、现象、结果或条件发生或显现时必须超过的幅度或强度。

扩 threshold frequency（光电效应的）临界频率

- the minimum frequency of the incident electromagnetic radiation for the photoelectrons to be emitted
- （光电效应的）临界频率是使光电子能够被发射的入射电磁辐射的最小频率。

290 **work function** 功函数，逸出功

E the minimum energy required for the electrons to be emitted from the surface of the metal

释 功函数是电子从金属表面发出所需要的最低能量。

291 **stopping voltage** （光电管中的）遏止电压

E the minimum voltage required for the current of photoelectrons to be just reduced to zero in the vacuum photocell

释 （光电管中的）遏止电压是在真空光电池中使光电子电流降至零所需的最低电压。

292 **quantise**（亦作 –ize）/ˈkwɒntaɪz/ *v.* 使量子化

E form into quanta, in particular restrict the number of possible values of (a quantity) or states of (a system) so that certain variables can assume only certain discrete magnitudes.

释 限制某个量或者某个系统的状态可能等于的值的数量，使得这些量或者状态只能有这些特定的不连续的值。

293 **transition** /trænˈzɪʃn/   *n.* 跃迁

E a change of an atom, nucleus, electron, etc. from one quantum state to another, with emission or absorption of radiation.

释 一个原子、原子核、电子等微观粒子通过释放或者吸收辐射（即电磁波）来改变其量子态的过程，被称为跃迁。

294 **ground state**   基态

E the lowest energy level for an atom, with all its electrons in their lowest possible energy levels

释 基态是原子的最低能级。在最低能级时，原子中的所有电子都处于最低能级。

295 **excitation** /ˌeksɪˈteɪʃən/   *n.* 激发

E the process in which an atom takes up a higher energy level when energy is supplied

释 激发是指一个原子在获得能量时所具有的较高能级的过程。

第六节

Circular Motion, Gravitational Field and Oscillations 圆周运动、重力场与振动

扫一扫
听本节音频

296 **angular** /ˈæŋɡjələ(r)/ **displacement** 角位移

☐
☐
☐
- **E** the angle through which an object has travelled in radians
- **释** 角位移是物体以弧度走过的角度。

297 **angular velocity** /vəˈlɒsəti/ 角速度

☐
☐
☐
- **E** the angular displacement travelled through per unit time
- **释** 角速度是单位时间内通过的角位移。

298 **gravitational** /ˌɡrævɪˈteɪʃənl/ **field strength**

重力场强

☐
☐
☐
- **E** the gravitational force experienced by unit mass at a particular place; It is usually used to indicate the size of the gravitational field.
- **释** 重力场强是单位质量在某一特定位置所受到的重力，通常用来表示重力场的大小。

299 **gravitational potential** 重力势

☐
☐
☐
- **E** the work done (by an external force which is balanced with the gravitational force) per unit mass in bringing a mass (with a constant velocity) from infinity to a particular position in a gravitational field
- **释** 重力势是指某个位置上的重力势，是在单位质量上把一个质量（以恒定速度）从无穷远处带到重力场中一个特定位置的过程中，（通过一个与重力平衡的外力）所做的功。

300 **geostationary** /ˌdʒiːəʊˈsteɪʃənri/

adj. 与地球旋转同步的

☐
☐
☐ 🅔 moving in a circular orbit in the plane of the equator with the same period as that of the earth's rotation so that it appears to be stationary in the sky above a fixed point on the surface

🅡 与地球旋转同步的即地球表面的一个固定点在赤道平面内与地球自转周期相同的圆形轨道上运动，所以这一点上方的天空中似乎是静止的。

🅕 geostationary satellite 地球同步卫星

• the satellite which is orbiting around the Earth directly above the Earth's equator with the same period as the self-rotation of the Earth

• 地球同步卫星是在地球同步轨道上运行的人造卫星，其周期与地球自传周期相同。

geostationary orbit 地球同步轨道

• a circular orbit which is about 36,000 kilometres directly above the equator of the Earth and following the direction of the Earth's self-rotation; The satellites which are moving in this orbit are called the geostationary satellites.

• 地球同步轨道是距离地球赤道径直距离大约 36,000 米，与地球自传方向相同的轨道；在该轨道上运行的卫星叫做地球同步卫星。

301 **simple harmonic** /hɑːˈmɒnɪk/ **motion** 简谐运动

☐
☐
☐ 🅔 oscillatory motion with an acceleration proportional to the amount of displacement from an equilibrium position, and in a direction opposite to its displacement

🅡 简谐运动是一种振动运动，其加速度与从平衡位置出发的位移成正比，且方向与位移方向相反。

302 **angular** /ˈæŋɡjələ(r)/ **frequency** 角频率

☐
☐
☐ 🅔 (Symbol: ω) the frequency of a steadily recurring phenomenon expressed in radians per second; A frequency in hertz can be converted into an angular frequency by multiplying it by 2π.

🅡 角频率（符号：ω）是一个稳定重复出现的现象的频率，以弧度／秒表示。以赫兹为单位的频率可以转换成一个角频率乘以 2π。

303 pendulum /dæmp/

n. 摆；钟摆

☐
☐ 🄴 a weight hung from a fixed point so that it can swing freely
☐ backwards and forwards, especially a rod with a weight at the
end that regulates the mechanism of a clock.

🄡 挂在某固定点下的来回摆动的重物，尤指挂在杆子下用来控制
时钟工作机制的重物。

304 damp /dæmp/

v. 减幅，阻尼

☐
☐ 🄴 progressively reduce the amplitude of (an oscillation or
☐ vibration, such as simple harmonic motion)

🄡 减幅即逐步降低（振荡或振动，如简谐运动）的振幅。

🄕 damped oscillation 阻尼振动
  • the oscillation with a progressively decreasing amplitude
  • 阻尼振动是振幅逐渐下降的振动。

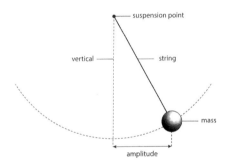

305 resonance /ˈrezənəns/

n. 共振

☐
☐ 🄴 the condition in which an object or system is subjected to an
☐ oscillating effect that has a frequency close to its own natural
frequency

🄡 共振是物体或系统受到振动的一种状态，这种振动效应的频率
接近其固有频率。

Electromagnetism 电磁场

306 Coulomb's law 库仑定律

☐
☐
☐

E Any two-point charges exert an electrical force on each other that is proportional to the product of their charges and inversely proportional to the square of the distance between them.

释 库仑定律即任意两个点电荷相互施加的电力与它们电荷的乘积成正比，与它们之间距离的平方成反比。

307 permittivity /ˌpɜːmɪˈtɪvɪtɪ/ *n.* 介电常数

☐
☐
☐

E the ability of a substance to store electrical energy in an electric field.

释 物质在电场中储存电能的能力

扩 permittivity of free space 真空介电常数，$\varepsilon_0 = 8.85 \times 10^{-12} Fm^{-1}$

308 electric field strength 电场强度

☐
☐
☐

E the electrical force experienced by a positive unit charge at a particular position in an electric field

释 电场强度是电场中某一特定位置的单位正电荷所受到的电场力。

309 electric potential 电势

☐
☐
☐

E the work done (by an external force which is balanced with the electrical force) in bringing unit positive charge (with a constant velocity) from infinity to a particular position in an electric field

释 电势是在把单位正电荷（以恒定速度）从无穷远带到电场中一个特定位置的过程中，（通过一个与电场力平衡的外力）所做的功。

310 equipotential /ˌiːkwɪpəˈtenʃəl/ *adj.* 等势的

☐
☐
☐

E describing a specific region or line that is composed of points all at the same potential

释 等势的即由具有相同电势的点组成的特定区域或线。

🔧 equipotential line 等势线

- a line in space that all the points on it have the same potential
- 等势线即在空间具有相同的势能的点组成的一条直线。

311 **dielectric** /ˌdaɪɪˈlektrɪk/   *adj.* 电介质的

□
□
□

🅔 having the property of transmitting electric force without conduction; Dielectric materials are usually used in the capacitor to increase its capacitance.

🈁 电介质的即具有无须导电而传导电力的性质。电介质材料经常用于电容器增加电容。

312 **magnetic** /mægˈnetɪk/ **flux** /flʌks/   磁通量

□
□
□

🅔 a quantity which measures how much a magnetic field is going perpendicularly through a particular area; It is measured in weber, Wb.

🈁 磁通量是一个用来测量磁场垂直通过某一特定区域的程度的量，计量单位为韦伯（Wb）。

313 **magnetic flux density**   磁通量密度

□
□
□

🅔 a quantity which measures the strength of the magnetic field at a particular position in space; It is measured in tesla, T. It can also be pictured as the number of magnetic field lines passing through a region per unit area.

🈁 磁通量密度是测量空间中某一特定位置的磁场强度的量，单位为特斯拉（T），也可以被描绘成每单位面积通过一个区域的磁感线的数量。

314 **linkage** /ˈlɪŋkɪdʒ/   *n.* 连接，联合

□
□
□

🅔 the action of linking or the state of being linked.

🈁 连接的动作或者被连接的状态。

🔧 magnetic flux linkage 磁链（磁通匝）

- magnetic flux linkage is defined as the product of the magnetic flux and the number of turns of the coil through which the magnetic flux passes.
- 磁链定义为导电线圈的匝数与穿过该线圈的磁通量的乘积。

315 **internal energy** 内能

E the sum of the random distribution of kinetic and potential energies of its atoms or molecules

释 内能是一个物体的原子或分子的动能和势能的随机分布的总和。

316 **thermodynamics** /ˌθɜːməʊdaɪˈnæmɪks/ *n.* 热力学

E the branch of physical science that deals with the relations between heat and other forms of energy (such as mechanical, electrical, or chemical energy), and, by extension, of the relationships and interconvertibility of all forms of energy

释 热力学是物理学的一个分支，研究热与其他形式的能量（如机械能、电能或化学能）之间的关系，并引申为各种形式的能量之间的关系和相互转化。

317 **thermal** /ˈθɜːml/ **energy** 热能

E energy flowing from a region of higher temperature to a region of lower temperature

释 热能是指从温度较高的地区流向温度较低的地区的能量。

318 **thermometer** /θəˈmɒmɪtə(r)/ *n.* 温度计

E an instrument for measuring and indicating temperature.

释 一种可以用来测量或指示温度的仪器。

319 **thermocouple** /ˈθɜːməʊˌkʌpəl/ *n.* 热电偶，温差电偶

E a thermoelectric device for measuring temperature, consisting of two wires of different metals connected at two points, a voltage being developed between the two junctions in proportion to the temperature difference

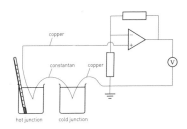

🔖 热电偶是一种测量温度的热电装置，由两根不同金属线在两点相连，根据温度差在两个连接点之间形成电压。

320 **specific latent** /'leɪtnt/ **heat** 比潜热

🇪 energy required per kilogram of the substance to change its state without any change in temperature

🔖 比潜热是每千克物质在不改变温度的情况下改变状态所需要的能量。

321 **Brownian** /ˌbraʊnɪən/ **motion** 布朗运动

🇪 the erratic random movement of microscopic particles in a fluid, as a result of continuous bombardment from molecules of the surrounding medium

🔖 布朗运动是流体中微观粒子的不规则随机运动，是周围介质分子连续撞击的结果。

Medical Imaging 医疗影像

扫一扫
听本节音频

322 **electrode** /ɪˈlektrəʊd/   n. 电极

英 a conductor through which electricity enters or leaves an object, substance, or region.

释 电进入或流出某物体、物质或区域所经过的导体，被称为电极。

323 **collimate** /ˈkɒlɪˌmeɪt/   v. 使平行，校准

英 make (rays of light or beams of particles) accurately parallel; accurately set the alignment of (an optical or other system)

释 校准即使（光线或粒子束）精确地平行或精确地设置（光学或其他系统）的对齐方式。

同 calibrate v. 标准；标定

324 **attenuate** /əˈtenjʊeɪt/   v.（使信号）减弱、减少

英 gradually decrease the intensity or amplitude of (a signal)

释（使信号）减弱即逐渐降低（信号的）强度或振幅。

325 **dosage** /ˈdəʊsɪdʒ/   n. 剂量

英 a level of exposure to or absorption of ionising radiation

释 受到或吸收的电离辐射的剂量

326 **fluoroscopy** /ˌflʊəˈrɒskəpi/ n. 荧光透视（显像技术）

英 the technique in which an instrument with a fluorescent screen used for viewing X-ray images without taking and developing X-ray photographs.

释 使用一种带荧光屏的仪器来实现实时查看 X 光影像的技术。

327 **contrast** /ˈkɒntrɑːst/   *n.*（图像的）对比度

- 🄴 the degree of difference between tones in a television picture, photograph, or other image
- 🄲（图像的）对比度是指电视画面、照片或其他图像中色调之间的差异程度。
- 🄵 contrast media 造影剂（对比剂）
    • a good absorber of X-rays, usually used to show up different soft tissues that absorb X-rays equally
    • 造影剂（对比剂）是一个很好的 X 射线吸收器，通常用于呈现吸收 X 射线的程度一样的不同软组织。

328 **sharpness** /ˈʃɑːpnəs/   *n.* 锐度

- 🄴 the quality or state of being distinct in outline or detail
- 🄲 锐度是指轮廓或细节清晰的质量或状态。

329 **tomography** /təˈmɒɡrəfi/   *n.* X 线断层照相术

- 🄴 a technique for displaying a representation of a cross section through a human body or other solid object using X-rays (or ultrasound)
- 🄲 X 线断层照相术是一种使用 X 射线（或超声波）来显示人体或其他实体截面的技术。

330 **piezoelectric** /paɪˌiːzəʊɪˈlektrɪk/   *adj.* 压电的

- 🄴 Piezoelectric materials are able to convert mechanical signals (such as sound waves) into electrical signals and vice versa
- 🄲 压电的材料能够将机械信号（如声波）转换成电信号，反之亦然。

331 **impedance** /ɪmˈpiːdns/   *n.* 阻抗

- 🄴 the effective resistance of an electric circuit or component to alternating current, arising from the combined effects of ohmic resistance and reactance
- 🄲 阻抗是电路或元件对交流电的有效电阻，由欧姆电阻和电抗共同作用产生。
- 🄵 acoustic impedance 声阻抗
    • the ratio of the pressure over an imaginary surface in a sound wave

to the rate of particle flow across the surface. It can be calculated like this:

acoustic impedence=density × speed of sound

- 声阻抗是声波中假想表面上的压力与表面上粒子流动速度之比。计算公式是:

$$声阻抗 = 密度 × 声速$$

332 **positron** /ˈpɒzɪtrɒn/　　　　　　　　　*n.* 正电子

E a subatomic particle with the same mass as an electron and a numerically equal but positive charge.

释 一个与电子有相同质量，相同电荷量但是电性相反的粒子

333 **tracer** /ˈtreɪsə(r)/　　　　　　　　　*n.* 示踪剂，显光剂

E a substance introduced into a biological organism or other system so that its subsequent distribution may be readily followed from its colour, fluorescence, radioactivity, or other distinctive property.

释 一种被引入生物有机体或其他系统，以便其随后的分布可以很容易地从它的颜色、荧光、放射性或其他独特的特性中进行跟踪的物质

334 **cyclotron** /ˈsaɪklətrɒn/　　　　　　　　*n.* 回旋加速器

E an apparatus in which charged atomic and subatomic particles are accelerated by an alternating electric field while following an outward spiral or circular path in a magnetic field.

释 一种可以让带电的原子或亚原子粒子被交变电场加速并在磁场中沿着向外的螺旋轨迹或者圆形轨迹运动的装置。

335 **annihilation** /əˌnaɪəˈleɪʃn/　　　　　　　*n.* 湮灭

E the conversion of matter into energy, especially the mutual conversion of a particle and an antiparticle into electromagnetic radiation.

释 物质向能量的转化，特别是粒子和反粒子相互转化为电磁辐射的过程。（粒子和其对应的反粒子相遇，将两个粒子的质量转变为能量）

photomultiplier /ˌfəʊtəʊˈmʌltɪˌplaɪə(r)/

n. 光电倍增器，光电倍增管

Ⓔ an instrument containing a photoelectric cell and a series of electrodes, used to detect and amplify the light from very faint sources.

释 一种包含光电管和一系列电极的仪器，用来检测和放大来自非常微弱的光源的光。

Astronomy and Cosmology
天体物理与宇宙学

扫一扫
听本节音频

337 **galaxy** /ˈɡæləksi/   *n.* 星系

🄔 a system of millions or billions of stars, together with gas and dust, held together by gravitational attraction.

🄡 数百万或数十亿颗恒星以及气体和尘埃，通过万有引力结合成的系统，称为星系。

🄔 Andromeda Galaxy 仙女星系

- Andromeda galaxy is our closest galaxy. It is a conspicuous spiral galaxy probably twice as massive as our own and located 2 million light years away.
- 仙女星系是距离我们最近的星系。它是一个很显眼的旋涡星系，质量可能是我们自己的两倍，距离我们 200 万光年。

338 **cluster** /ˈklʌstə(r)/   *n.* 【天文】星团；星系团

🄔 a group of stars or galaxies forming a relatively close association.

🄡 由一团恒星或者星系所组成的相对紧密的星团。

🄔 supercluster *n.* 【天文】超星系团

- a cluster of galaxies which themselves occur as clusters.
- 由一团星系团所组成的超大星团。

339 **constellation** /ˌkɒnstəˈleɪʃn/   *n.* 星座

🄔 a group of stars forming a recognisable pattern that is traditionally named after its apparent form or identified with a mythological figure. Modern astronomers divide the sky into eighty-eight constellations with defined boundaries.

🄡 星座是由一组恒星组成的可识别的图案，传统上以其外观形式或者神话人物来命名。现代天文学家将天空划分成了具有明确边界的八十八个星座。

🄔 Gemini 双子星座

340 luminosity /ˌluːmɪˈnɒsəti/   *n.* 【天文】光度

- ☐
- ☐
- ☐

🅔 the luminosity of a star is defined as the total radiant energy emitted per unit time.

🈁 一颗恒星的光度定义为该恒星单位时间内向外辐射的总能量。

341 radiant /ˈreɪdiənt/   *adj.* （电磁能，尤指热能）辐射传输的

- ☐
- ☐
- ☐

🅔 (of electromagnetic energy, especially heat)transmitted by radiation, rather than conduction or convection

🈁 指通过热辐射传输能量的，而非热传导或热对流

🈂 radiant flux intensity 辐射通量强度
- • radiant flux intensity is the observed intensity of a celestial body, it is defined as the radiant power passing normally through a surface per unit area.
- • 辐射通量强度是观测到的某天体的辐射强度，被定义为垂直通过单位面积的热辐射功率

342 cepheid variable (star) 【天文】造父变星（恒星）

- ☐
- ☐
- ☐

🅔 a typical standard candle. It is a variable star having a regular cycle of brightness with a frequency related to its luminosity, so allowing estimation of its distance from the earth.

🈁 造父变星是典型的标准烛光，它的亮度会周期性地变化，而此变化的频率是与其光度相关的，因此可用来估算其与地球的距离。

343 supernova /ˈsuːpənəʊvə/   *n.* 超新星

- ☐
- ☐
- ☐

🅔 a star that suddenly increases greatly in brightness because of a catastrophic explosion that ejects most of its mass.

🈁 超新星是一种会因为一次大规模的向内坍塌而突然大幅增加其亮度，并喷射出其绝大部分质量的恒星。

344 implode /ɪmˈpləʊd/   *v.* （使）向内坍塌，（使）内爆

- ☐
- ☐
- ☐

🅔 collapse or cause to collapse violently inwards.

🈁 崩塌或导致向内猛烈崩塌。

345 light /laɪt/ year /jɪə(r)/   n. 光年

☐
☐
☐

E a unit of astronomical distance equivalent to the distance that light travels in one year, which is 9.4607×10^{12} km (nearly 6 million million miles)

释 天文距离单位，相当于光在真空中传播一年所经过的距离，即 9.4607×10^{12} 公里（近 600 万英里）

346 black /blæk/ body /'bɒdi/   黑体

☐
☐
☐

E an idealised object that absorbs all incident electromagnetic radiation falling on it.

释 一种理想状态下能够吸收所有的照在它上面的电磁辐射的物体。

347 redshift /'redʃɪft/   n. 红移

☐
☐
☐

E the displacement of spectral lines towards longer wavelengths (the red end of the spectrum) in radiation from distant galaxies and celestial objects. This is interpreted as a Doppler shift which is proportional to the velocity of recession and thus to distance.

释 来自遥远星系和天体的辐射中光谱线向更长波长（光谱的红端）的位移。红移可以被理解为多普勒频移，它与天体的退行速度成正比，即与距离成正比。

348 recession /rɪ'seʃn/   n.【天文】退行

☐
☐
☐

E the action of receding; motion away from an observer.

释 后退的动作，远离观测者的运动。

扩 recession speed 退行速度

• The rate of movement of a galaxy away from the Milky Way caused by the expansion of the universe

• 由宇宙膨胀所引起的星系远离银河系的运动速度

A

B

C

D

E

O

P

S

turbulent 湍流的，湍急的 202

U

V

W